无损检测技术培训教材

WUSUN JIANCE JISHU
PEIXUN JIAOCAI

湖南省特种设备管理协会　编

中国电力出版社
CHINA ELECTRIC POWER PRESS

内 容 提 要

本书由湖南省特种设备管理协会（简称协会）从事无损检测工作多年并有丰富培训考核工作经历的人员，参照 TSG Z8001《特种设备无损检测人员考核规则》考试大纲中关于要掌握或了解、理解的基本知识内容和知识点要求，并根据协会开展无损检测培训考核工作多年来的经验成果编写的。

全书共分六章，第 1 章金属材料基础知识，概要介绍了金属典型晶体结构、铁碳合金相结构及其特性、材料力学及金属材料性能和常用金属材料种类特点等四个方面的知识点；第 2 章金属热处理基本知识，简要介绍了钢热处理一般过程、碳及合金元素对钢热处理影响、钢常见组织及性能、常用热处理种类及应用和消除应力热处理目的方法等六个方面的内容；第 3 章焊接基础知识，从焊接及其优越性、焊接接头特性、焊接应力及变形、常用钢材焊接技术要点、焊接缺陷及产生原因以及其他钢制件缺陷种类及产生原因等六个方面的知识要点进行了梳理介绍；第 4 章无损检测技术介绍，分四节编述了无损检测技术定义、发展历程，从基本原理、主要设备器材、工艺要点及应用特点等 4 个角度简明系统的介绍了射线、超声波、磁粉、渗透等 4 种常规和涡流、声发射、TOFT、相控阵、射线成像、漏磁等 6 种新发展的共计 10 种无损检测技术方法，并对无损检测目的，如何选择、应用无损检测技术以及无损检测标准体系进行了介绍。第 5、6 章，分别收录并修编了经本协会使用多年并行之有效的有关无损检测培训考核管理制度和四种常规无损检测方法实际培训考核要求和各种报告记录及评分标准。

本书与时俱进，紧跟行业新技术、新标准，注重实用性，既可作为特种设备无损检测Ⅰ级、Ⅱ级人员培训考核教材，也可供其他行业和高职、技工学校无损检测专业师生参考使用，还是从事无损检测作业、管理以及相关质量管理人员的参考工具书。

图书在版编目（CIP）数据

无损检测技术培训教材 / 湖南省特种设备管理协会编. —北京：中国电力出版社，2018.1
ISBN 978-7-5198-1602-5

Ⅰ. ①无… Ⅱ. ①湖… Ⅲ. ①无损检验–技术培训–教材 Ⅳ. ①TG115.28

中国版本图书馆 CIP 数据核字（2017）第 321229 号

出版发行：中国电力出版社
地　　址：北京市东城区北京站西街 19 号（邮政编码 100005）
网　　址：http://www.cepp.sgcc.com.cn
责任编辑：王　南（010–63412876）
责任校对：朱丽芳
装帧设计：张俊霞　左　铭
责任印制：邹树群

印　　刷：北京大学印刷厂
版　　次：2018 年 1 月第一版
印　　次：2018 年 1 月北京第一次印刷
开　　本：710 毫米×980 毫米　16 开本
印　　张：12.75
字　　数：215 千字
印　　数：0001—7000 册
定　　价：50.00 元

编 委 会

前　言

随着我国国民经济和工业化的快速发展，“中国制造”已经全面走向世界。作为制造业的重要组成部分——无损检测，其应用领域广、工作量大、从业人员多。更重要的是，无损检测对把好产品质量关、监控使用安全等方面起着至关重要的作用，所以无损检测人员培训工作十分重要。

了解和掌握金属材料、焊接、热处理及无损检测方法应用等相关基础知识，明确实际操作考核要点，是无损检测人员培训考核的重要内容。这部分的内容非常丰富，培训考核教材的选用十分重要。近年来，无损检测新技术发展迅速，法规标准更新很快，目前已发行的此类型书籍存在明显滞后和缺位问题。主要表现为几个方面：一是对已经普遍应用的如 TOFD、相控阵以及射线成像等新检测方法和技术没有进行介绍；二是关于材料、焊接和无损检测知识的描述存在不少不符合新标准要求甚至概念有误；三是无损检测基础知识介绍的系统性欠缺、不简明；四是没有针对性的复习题，不便考生系统学习；五是培训考核管理制度方面的内容几乎没有涉及。

湖南省特种设备管理协会从事无损检测培训考核工作多年，对培训考核有着丰富的经验。所有培训讲课人员及学员对上述问题感受很深，一直在寻求解决的方法。在湖南省自编自用《无损检测基础知识》并多年试用的基础上，近年又组织专业人员编写出这本新的《无损检测技术培训教材》。

本书参照 TSG Z8001—2013《特种设备无损检测人员考核规则》考试大纲要求，全书共六章，按其规定的无损检测人员需要掌握的内容和知识点要求，系统编写了金属材料、热处理、焊接以及无损检测使用等基本知识，梳理介绍了四种常用和六种新发展的共计十种无损检测检测技术原理及其应用特点，并按章编写了有针对性的复习题；收录并修编了经本协会使用多年并行之有效的有关无损检测培训考核管理制度和四种常规无损检测方法实际培训考核的要求及报告记录和评分规则。本书可作为特种设备无损检测Ⅰ级、Ⅱ级人员培训考核教材，其他行业无损检测培训考核可参考使用。

本书的编写过程中，参考和借鉴了国内外同仁的研究成果和大量书籍，得到了湖南省质量技术监督局、湖南省电力公司电力科学研究院、湖南省安淳高新技术有限公司、湖南省特种设备检验研究院、湖南省劳动人事职业学院、长沙航空职业技术学院、湖南汇丰工程检测公司、长沙明鉴技术检测有限公司等单位的大力支持和帮助，在此一并表示感谢！由于编者水平有限，书中不妥和错误之处，敬请各位读者批评指正。

编　者

2017 年 9 月 12 日

目 录

1

金属材料基础知识

材料是构成设备或装置的基础，金属材料是现代工业、农业、国防各个领域应用最广泛的工程材料。无损检测人员应了解材料力学基础知识，金属性能、金属微观结构等金属学及热处理和特种设备常用材料基本知识。

传统材料学观念强调：成分决定组织，组织决定性能。20 世纪 90 年代初，随着材料科学的发展，人们进一步注重材料的制备工艺，强调制备工艺在成分、组织、性能三者之间的协同，其相互作用，相互影响，密不可分，构成一个有机的整体，构成材料科学的基础，决定材料的性能。通常所指的金属材料的性能包括使用性能和工艺性能：

使用性能：指材料在使用条件下表现出来的性能，如强度、硬度、塑性、韧性等力学性能，耐蚀性、耐热性等化学性能以及声、光、电、磁、热等物理性能。使用性能决定了材料的应用范围，使用安全可靠性和使用寿命。

工艺性能：指材料在被加工过程中表现出来的性能，如冷热加工、压力加工性能，具体如铸造、焊接、热处理、压力加工、切削加工等方面的性能。工艺性能对制造成本、生产效率、产品质量有重要影响。

1.1 晶体和晶界的概念、金属典型晶体结构种类

自然界固体物质是由基本质点（原子、分子、离子）构成的。根据固体物质内部基本质点的排列方式不同，可将固体物质分为晶体和非晶体两大类。凡内部基本质点呈规则排列和具有一定的熔点的固体物质称为晶体，反之称为非晶体，固态金属一般都是晶体。但是近年的科技发展，在工业生产和科学研究中采用特殊工艺和手段，已经可以制备固态的非晶态金属，如 Ni–P 合金。

1.1.1 晶格、晶胞

组成金属的原子都是在它自己相对固定位置上做热振动的，要表达这种状态下原子的排列和规律性是比较困难的。为了简化，将原子看成静止不动的刚性小球按一定的规律排列堆积在一起。为便于研究，将小球堆积模型进一步抽象为空间格架，即把振动中心看着结点，用线条把这些结点联结起来，这种空间格架称为晶格或点阵，如图 1–1 所示。构成晶体的平行六面体的最小的基本单元称为晶胞。整个晶体是由完全等同的晶胞无间隙堆砌而成。

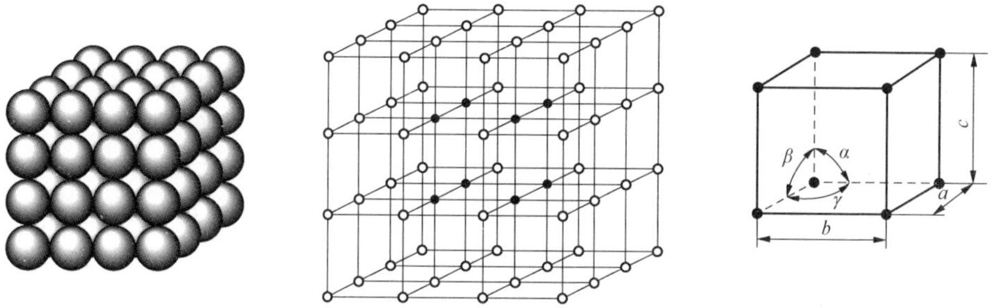

(a) (b) (c)

图 1–1 原子堆积、晶格、晶胞示意图

（a）原子堆积模型；（b）晶格；（c）晶胞

1.1.2 金属晶体典型的晶体结构

1. 体心立方晶格

如图 1–2（a）所示。其晶胞是一个立方体，八个角和中心各有一个原子，八角上原子与相邻八个晶胞所共有，而中心原子为该晶胞所独有，所以，体心立方晶胞原子数为 2 个。属于此类的金属有 α–Fe，δ–Fe，Cr，V，β–Ti 等。

2. 面心立方晶格

如图 1–2（b）所示。其晶胞也是一个立方体，八个角和六个面各有一个原子，八角上原子与相邻八个晶胞所共有，而每个面中心的原子为 2 个相邻晶胞共有，所以，体心立方晶胞原子数为 4 个。属于此类的金属有γ–Fe，Al，Cu，Ni 等。

3. 密排六方晶格

如图 1–2（c）所示。其晶胞是一个正六方柱状体，在 12 个角和上、下底面中心各有一个原子，另在上下底面中间之间还有 3 个原子，12 个角上原子与相邻 6 个晶胞所共有，而上下底面中心原子为 2 个相邻晶胞共有，底面中间之间的 3 个原子为该晶胞独有，故晶胞原子数为 6 个。属于此类的金属有 Mg、Zn、α–Ti 等。

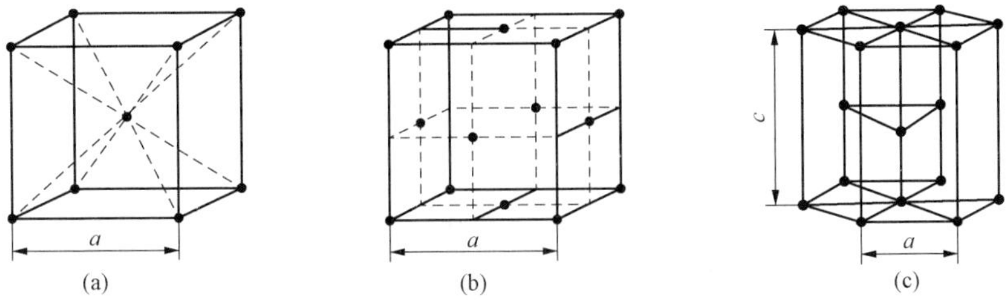

图 1–2　金属的三种典型晶胞示意图

（a）体心立方；（b）面心立方；（c）密排六方

1.1.3　金属的晶体缺陷

工程上应用的金属材料，除了极其特殊的场合使用理想的单晶体，绝大多数使用的是多晶体。多晶体是由许多的单晶体组成的，多晶体中的单晶体称为晶粒。晶粒之间的界面称为晶界。

实际晶体的原子排列与上述理想完美的状态有许多差异，由于种种原因使晶体的许多的原子排列偏离理想晶体的排列状态的区域，即存在着许多不同类型的晶体缺陷。晶体缺陷按几何特征可分为点缺陷、线缺陷和面缺陷，它们对金属的性能有极大的影响。

1. 点缺陷

点缺陷的特点是三维空间几何尺寸都很小。点缺陷的主要类型有空位和间隙原子。

空位就是没有原子占据晶格的结点。高温、塑性变形和高能粒子辐射都能造成或促进空位的形成，其中温度的影响最为明显。晶格中的原子总是在做热振动，由于受到周围其他原子的约束，处于平衡状态。温度升高热能增加，晶格上的某些原子的能量增加到能脱离周围原子的约束，可能脱离原有的晶格结点，逐步跑到晶体表面或间隙中去，甚至蒸发而形成空位。如图 1–3 所示。

间隙原子就是处于晶格间隙中的原子。有些间隙原子是从晶格结点上跑到晶格间隙中的，这称为自间隙原子；有的间隙原子是金属中存在的杂质原子进入了晶格间隙形成的，这称为杂质间隙原子（如 C、B、H、N 等）。

晶体中出现点缺陷后，破坏了原来的原子排列的规律性，晶格发生局部弹性变形，造成晶格畸变。

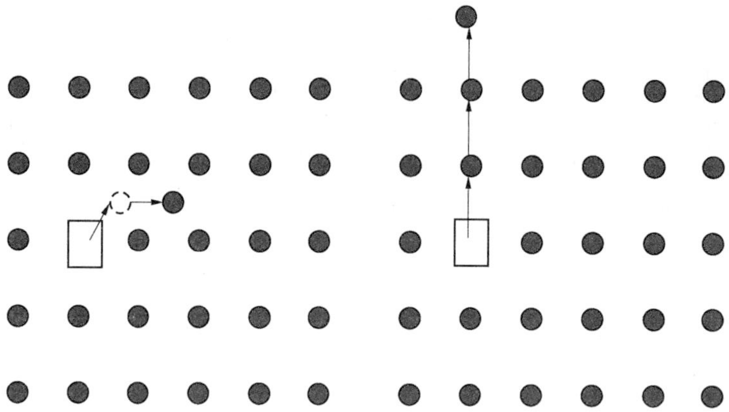

图 1–3　空位示意图

2. 线缺陷

晶体中线缺陷的特点是空间二维尺寸很小，第三维尺寸较大。线缺陷的主要类型有刃型位错和螺旋位错，如图 1–4 所示。

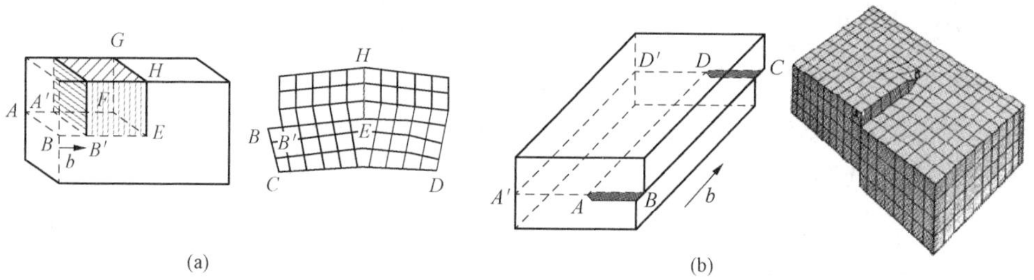

图 1–4　位错示意图

（a）刃型位错；（b）螺旋位错

3. 面缺陷

面缺陷的特征是二维尺寸很大，第三维尺寸较小。缺陷的主要类型有晶界和亚晶界。

4. 晶体缺陷与强化

晶体缺陷破坏了晶体的完整性，使晶格畸变、能量增加。金属的晶体性质发生偏差，对金属性能有较大影响。如晶格缺陷常常降低金属的耐蚀性，增大金属的电阻。实验证明，室温下金属的强度随晶体缺陷的增加而迅速下降，当缺陷增加到一定数量后，金属强度又随晶体缺陷的增加而增大。

1.1.4 合金晶体结构

1. 基本概念

合金是指由两种或以上金属元素或金属与非金属元素组成的具有金属特性的物质。合金比纯金属具有更高的力学性能和满足特殊要求的力学和化学性能，因此合金材料得到广泛应用。

（1）组元。组成合金最基本、独立的单元称为组元。组元可以是组成合金的元素或稳定的化合物。

（2）相。合金中具有同一聚集状态、同一晶体结构和性质与其他部分有界面分开的均匀、独立组成部分称为相。超过临界温度材料不同相之间可以发生相互转变，称之为相变。

（3）组织。合金中由若干相以一定数量、形态和尺寸组合而成并且具有独特形态的部分称为组织。

如铁碳合金材料所有组织均由铁素体、奥氏体和渗碳体三种相组成，由于形态、数量及尺寸不同，会形成多种可以在显微镜下观察到的形貌及性能不同的铁素体、奥氏体和渗碳体、珠光体、莱氏体、马氏体、回火马氏体、魏氏体等组织，铁素体、奥氏体和渗碳体既是相、又是组织，具有双重身份。

2. 合金的相结构

合金在固态下一种组元的晶格内溶解了另一组元的原子而形成的晶体相，称为固溶体。晶格类型保持不变的组元为溶剂，其他组元为溶质。有置换固溶体和间隙固溶体两种类型。

（1）置换固溶体。溶质原子占据溶剂晶格中的结点位置而形成的固溶体称置换固溶体。按溶解度不同，可分为有限固溶体和无限固溶体。金属元素彼此之间一般都能形成置换固溶体，但溶解度视不同元素而异。影响固溶体溶解度的因素有很多，主要取决于：晶体结构、原子尺寸、化学亲和力（电负性）、原子价因素。大多数合金只能够有限固溶，且随温度升高而增加，只有两组元晶格类型相同、原子直径相差不大时，才可能无限固溶，如铜镍二元合金，铜、镍原子可在晶格的任意位置替代而形成无限固溶。如图 1–5（b）、（c）所示。

（2）间隙固溶体。溶质原子分布于溶剂晶格间隙而形成的固溶体称间隙固溶体。间隙固溶体的溶质一般是直径很小的碳、氢等非金属元素。其形成条件是溶质原子与溶剂原子直径之比必须小于 0.59。由于间隙有限，所有间隙固溶体只能有限溶解。如图 1–5（a）所示。

异类原子的溶入将使固溶体晶格发生畸变，增加位错阻力，从而使合金强度、硬度升高，即所谓固溶强化。固溶强化是增强金属材料性能的重要途径。

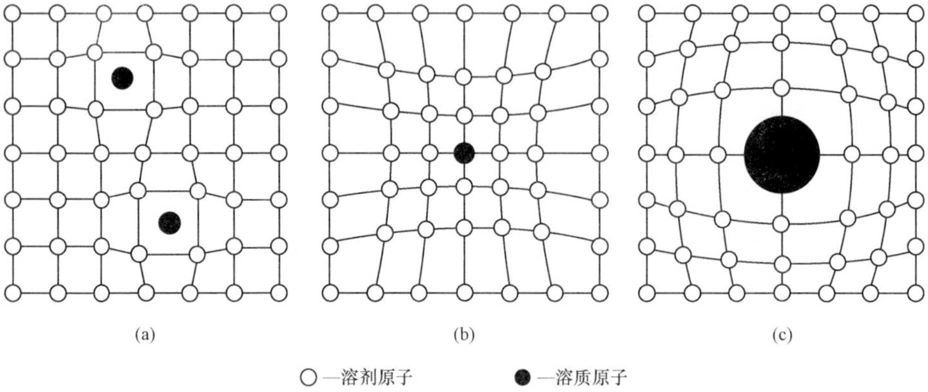

图 1–5　固溶体示意图

（a）间隙固溶体；（b）、（c）置换固溶体

3. 金属化合物

合金组元间发生相互作用而形成的具有金属特征的合金相称之为金属化合物。金属化合物一般发生在金属和非金属元素之间，如渗碳体 Fe_3C，具有特殊复杂的晶格结构，且熔点高、硬而脆，通常能够显著提高合金的强度、硬度，但会降低材料的塑形和韧性。

1.2　铁碳合金的基本相结构及其特性

1.2.1　纯铁的同素异构转变

大多数金属结晶后晶格类型不会发生变化，但铁、锰和钴等少数金属，在结晶成固态后继续冷却过程中晶格类型会发生变化，这种现象称为同素异构转变。如图 1–6 所示，纯铁从液态结晶后继续冷却过程中，其晶格类型发生了两次转变，第一次是在 1394℃时，从液态结晶成的体心立方晶格 δ–Fe 转变为面心立方晶格的 γ–Fe；第二次是在 912℃时，又由面心立方晶格的γ–Fe 转变体心立方晶格 α–Fe。

δ–Fe（1538～1394℃）——1394℃γ–Fe（1394～912℃）——912℃α–Fe（912℃～常温）

纯铁的同素异构转变的特性是钢材能够进行热处理的理论依据，也是钢铁材料性能多样化、用途广泛的主要原因之一。

1.2.2 铁碳合金基本相

1. 铁素体

碳溶于 α–Fe 或 δ–Fe 中的固溶体，用符号“F”表示。碳原子较小，其处于 α–Fe 和 δ–Fe 体心立方晶格的间隙位置，铁素体的溶碳能力极差，在 727℃时的最大溶碳量也只有 0.0218%，随着温度下降，溶碳量逐渐减小，在室温时为 0.006%。其性能几乎和纯铁相同。即强度、硬度（R_m=180～280MPa，50～80HB）较低，具有良好的塑性和韧性（A=30%～50%，α_{ku}=160～200J/cm^2），在 770℃以下具有磁性，超过 770℃则丧失磁性。

2. 奥氏体

碳溶于γ –Fe 中的固溶体，用符号“A”表示，奥氏体仅存在于 727℃以上的高温范围内。γ –Fe 是面心立方晶格，奥氏体溶碳能力较强，在 1148℃时最大可达 2.11%，在 727℃溶碳量降为 0.77%。具有比铁素体稍高的强度和硬度（R_m=400MPa，160～220HB），塑形好（A=40%～50%），故大多数钢材要在高温奥氏体状态下进行塑形变形加工。奥氏体不具有磁性。

3. 渗碳体

铁和碳的金属化合物，其含碳量为 6.68%，具有复杂的晶体结构，用符号 Fe_3C 表示。渗碳体的硬度很高（达 800HB），而塑性和韧性几乎为零，脆性极大。渗碳体在 230℃以下具有弱铁磁性。

4. 珠光体

珠光体是奥氏体发生共析转变所形成的铁素体与渗碳体组成的机械混合物，呈片层状相间分布，片层间距及厚度取决于奥氏体分解时的过冷度，用符合“P”表示。含碳量为 0.77%，其强度介于铁素体和渗碳体之间，强韧性较好。（R_m=770MPa，180HB，A=40%～50%，α_{ku}=24～32J）。

1.2.3 铁碳合金相图

如图 1–6 所示，铁碳合金相同是在极为放慢冷却（或加热）条件下，不同铁碳含量，不同温度下的液固形态及组织状态的图形。当碳量≥6.69%，铁碳合金全部为硬而脆的渗碳体 Fe_3C，难于加工，一般当碳量≥5%，就很少应用，因此，实际上研究的铁碳合金相同，就是研究 Fe–Fe_3C 相图。

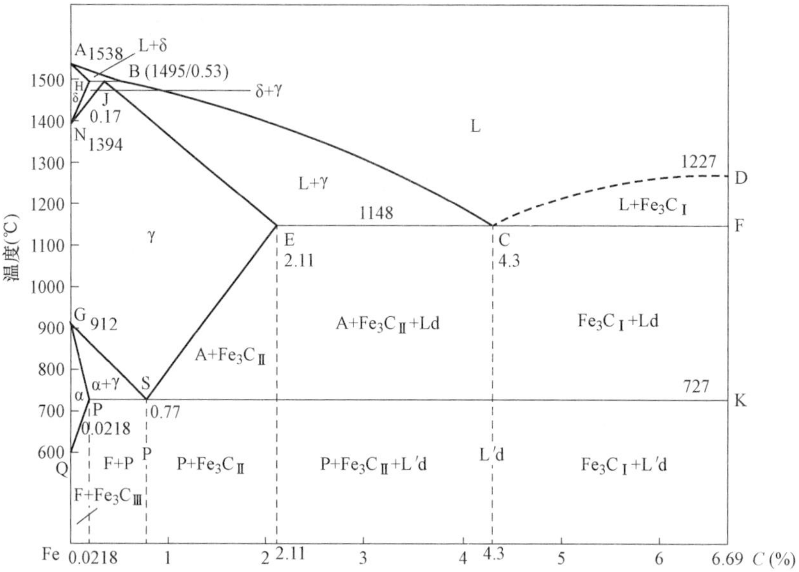

图 1–6　Fe–Fe_3C 相图

1. 两种转变

（1）共晶转变。在 1148℃，2.11%C 的液相发生共晶转变：转变的产物称为莱氏体。存在于 1148～727℃之间的莱氏体称为高温莱氏体，组织由奥氏体 AE 和渗碳体 Fe_3C 组成，用符号 Ld 表示；存在于 727℃以下的莱氏体称为变态莱氏体或称低温莱氏体，由珠光体 P+Fe_3CⅡ和共晶 Fe_3C 组成的机械混合物，用符号 Ld′ 表示，显微镜下观察时，Fe_3CⅡ和共晶 Fe_3C 交织在一起，一般无法分辨。

（2）共析转变。在 727℃时，0.77%的奥氏体发生共析转变，转变的产物称为珠光体 P（F+Fe_3C）。

共析转变与共晶转变的区别是转变物是固体而非液体。

2. 相图中 14 个特性点含义

铁碳相图中各主要特性点含义与温度、碳含量的关系见表 1–1。

表 1–1　　铁碳相图中特性点的温度、碳含量及含义

符号	共性	温度℃	碳量 C%	特性点含义
A	组元的熔点	1538	0	纯铁的熔点或结晶温度
D		1227	6.69	共晶渗碳体的化学成分点、熔点
G	同素异构转变点	912	0	含碳量为 0 的纯铁 γ–Fe→α–Fe
N				含碳量为 0 的纯铁 δ–Fe→α–Fe

续表

符号	共性	温度℃	碳量 C%	特性点含义
H	碳最大溶解度点	1495	0.09	碳在 δ–Fe 中
E		1148	2.11	碳在 γ–Fe 中，也是钢与铸铁的分界点
P		727	0.021 8	碳在 α–Fe 中
Q		室温	0.000 8	碳在 α–Fe
J	三相共存点	1495	0.17	包晶点，液相和 L+δ–Fe→A
C		1148	4.3	共晶点，发生共晶转变，直接有液相转变为莱氏体，L→Ld（A2.11+Fe_3C）
S		727	0.77	共析点，奥氏体 A0.77 全部转变为珠光体 P
B	其他点	1495	0.53	发生包晶反应时液相的成分
F		1148	6.69	渗碳体
K		727		

3. 相图中的主要特性线

（1）液相线 ACD 线以上区域铁碳合金处于液态，冷却到线下，碳量≤4.3%时，结晶生成奥氏体 A；当碳量＞4.3%时，结晶析出一次渗碳体 Fe_3C_{I}。

（2）固相线 AECF 线下区域为固相铁碳合金。

（3）共晶转变线 ECF 是一条温度 1148℃的水平恒温线，碳量 2.11%～6.69%的铁碳合金，在平衡结晶过程中均会发生共晶转变，形成奥氏体与渗碳体的机械混合物莱氏体 Ld。

（4）共析转变线 PSK 是一条温度 727℃的水平恒温线，亦称 A1 线，碳量 0.0218%～6.69%的铁碳合金，在平衡结晶过程中固态奥氏体均会发生共析转变为铁素体和渗碳体的机械混合物珠光体 P。

（5）GS 线是合金冷却时由奥氏体 A 中开始析出铁素体 F 的临界温度线，通常称 A3 线。

（6）ES 线是碳在奥氏体中的溶解度变化曲线，通常称为 A_{cm} 线。在 1148℃时 A 中溶碳量最大可达 2.11%，而在 727℃时仅为 0.77%，因此碳质量分数大于 0.77%的铁碳合金自 1148℃冷至 727℃的过程中，将从 A 中析出二次渗碳体（Fe_3C_{II}）。A_{cm} 线亦为从 A 中开始析出 Fe_3C_{II} 的临界温度线。

（7）GP 线是奥氏体 A 组织同素异构转变铁素体 P 的终了线，或加热时铁素体转变奥氏体的开始线。

（8）PQ 线是碳在铁素体 F 中溶解度变化曲线。在 727℃时 F 中溶碳量最大可达 0.0218%，室温时仅为 0.0008%，因此碳量＞0.0008%的铁碳合金自 727℃缓冷至室温的过程中，将从 F 中析出三次渗碳体（Fe_3C_{III}），由于 Fe_3C_{III}数量极少，对钢材性能一般影响不大，往往予以忽略。

1.2.4 铁碳合金分类及亚共析钢组织转变特点

1. 铁碳合金分类

一般分为工业纯铁、钢和铸铁三类。一般把碳量＜0.02%的称为工业纯铁，0.02%～2%的称为钢，碳量＞2%的称为白口铁（铸铁）。

钢又分为亚共析钢、共析钢和过共析钢。碳量 0.02%～0.77%的钢称为亚共析钢，其室温组织为铁素体加珠光体（F+P）。碳量为 0.77%的铁碳合金只发生共析转变，其组织是 100%珠光体，称为共析钢。含碳量大于 0.77%～2%的铁碳合金称为过共析钢，其组织是珠光体加渗碳体（$P+Fe_3C$）。

白口铁又分亚共晶白口铁（C＜4.3%）、共晶白口铁（C=4.3%）、过共晶白口铁（C＞4.3%）。

渗碳体含量越多，分布越均匀，材料的硬度和强度越高，塑性和韧性越低；但当渗碳体分布在晶界或作为基体存在时，则材料的塑性和韧性大为下降，且强度也随之降低。钢的含碳量低，渗碳体含量相对少而均匀，其性质是“强而韧”，而普通铸铁的碳量高，渗碳体含量多，其性质是“弱而脆”。

2. 亚共析钢组织转变

需要焊接加工的设备常用的碳素钢含碳量一般低于 0.25%，现以含碳量 0.2%的铁碳合金来说明结晶过程，如图 1–7 所示。

液态金属缓慢平衡冷却温度到达点 1 以下，开始析出 δ 铁；当温度降到点 2 以下时，液相和 δ 铁一起转变，生成奥氏体 A；到点 3 以下时，开始从奥氏体中析出铁素体，在缓慢冷却过程中，铁素体在奥氏体晶界上成核并长大。在点 3～4 之间，随着温度的降低，奥氏体中不断析出铁素体，而奥氏体的碳量增加并沿着 GS 线变化，当温度冷到 727℃时，奥氏体碳量达到 0.77%，此时全部剩余奥氏体 $A_{0.77}$ 发生共析转变成为珠光体，而原先析出的铁素体保持不变，得到的组织为铁素体加珠光体（F+P），直至温度降到室温。

珠光体是层片状铁素体与渗碳体构成的机械混合物。珠光体的硬度和强度较高，塑性也较好。

低碳钢是亚共析钢，碳量越低，组织中的铁素体的含量就越多，塑性和韧性也就越好，但强度和硬度却随之降低。

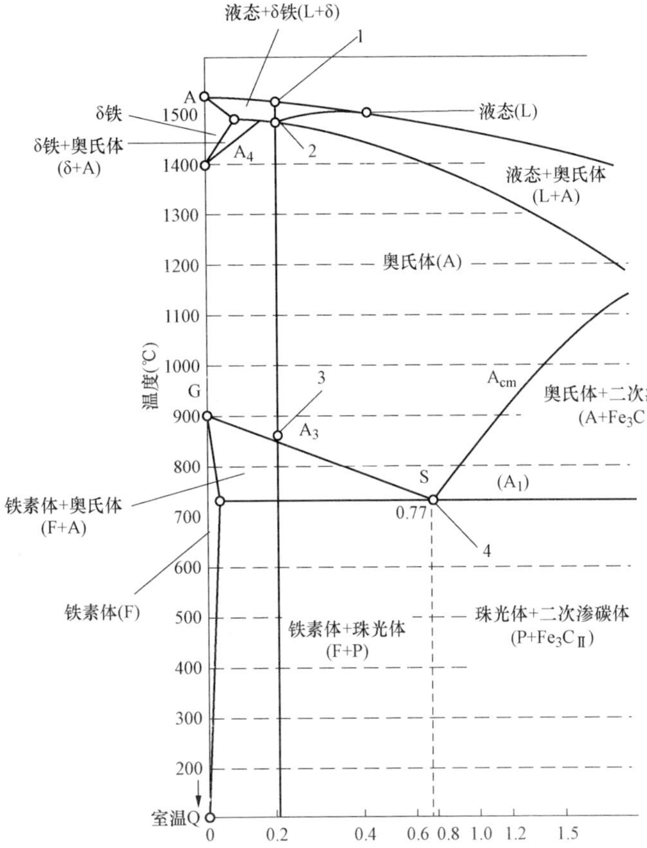

图 1–7 亚共析钢的组织转变

1.2.5 合金元素对铁临界点的影响

上述 Fe–Fe_3C 相图只包含铁、碳二元，研究表明，如果把其他合金元素加入钢中，Fe–Fe_3C 相图中的临界点位置发生显著变化。如图 1–7 所示，面心立方晶格（γ–Fe 铁）和体心立方晶格（α–Fe 和 δ –Fe）分别在两个临界温度线发生同素异构转变，γ–Fe 存在于两个温度之间，高温转变温度线以 A4 表示，低温转变温度线以 A3 表示，合金元素的加入将改变 A3、A4 的位置从而使相图发生变化。

钢中合金元素对铁临界点的影响可分为两大类：

（1）扩大 γ–Fe 相区的锰、镍、碳、氮、铜等元素，它们都能升高 A4 线和降低 A3 线，从而扩大奥氏体 A 的存在温度范围。其中镍和锰能使 A3 急剧降低，当其加入量分别达到 30%时就可在室温下得到单相合金奥氏体组织，这种合金就称为奥氏体合金。

（2）缩小γ–Fe 相区的铬、钼、钛、硅等元素，它们能降低 A4 线，升高 A3 线，从而缩小奥氏体 A 的存在温度范围。当加入到一定量之后，能使 A3、A4 点重合而使 A 相区被封闭，此时合金在固态范围内没有奥氏体相，始终是铁素体相，这种合金称为铁素体合金。

图 1–8 为铬、锰两个缩小和扩大γ–Fe 相区的典型合金元素加入后相区变化示意图。

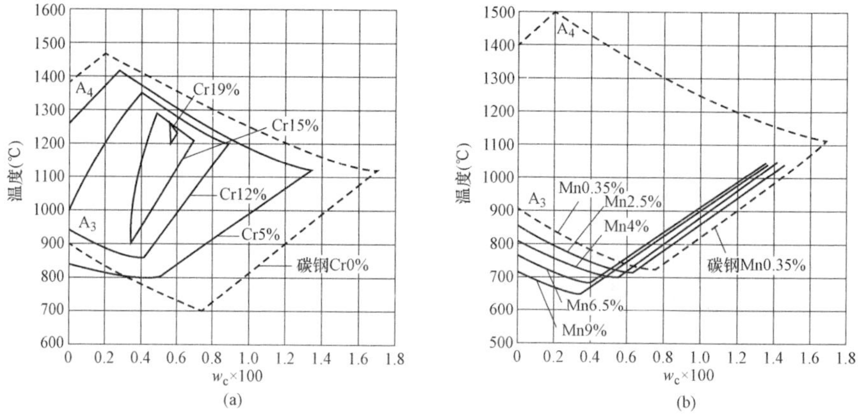

图 1–8　合金元素对 Fe–Fe_3C 相图了相区的影响

（a）铬的影响；（b）锰的影响

1.3　材料力学及金属材料力学性能基础知识

1.3.1　应力和应力集中的概念

1. 应力与应变

（1）应力。材料在外力作用下发生形状和尺寸的变化，称为形变。材料承受外力作用、抵抗形变的能力及其破坏规律，称为材料的力学性能。

材料发生形变时，其内部分子间或离子间的相对位置和距离会发生变化，同时产生原子间及分子间的附加内力而抵抗外力，并试图恢复到形变前的状态，达到平衡时，附加内力与外力大小相等、方向相反。

应力是材料单位面积上所受的附加内力，其值等于单位面积上所受的外力。计算公式如下：

$$\sigma = \frac{F}{A}$$

式中：σ为应力；F 为外力；A 为面积。在国际单位制中，应力的单位为牛顿/米^2（N/m^{2}或 Pa）。

若材料受力前的面积为 A_0，则σ_0=F/A_0 称为名义应力；若受力后的面积为A，则σ_T=F/A 为真实应力。实际中常用名义应力，对于形变量小的材料，二者数值上相差不大。

如果围绕材料的内部某点取一体积元（如图 1–9 所示），其六个面均分别垂直于 X，Y，Z 轴，则作用在该体积元单位面积上的力△Fx，△Fy，△Fz，可分解为法向应力σ_{xx}，σ_{yy}，σ_{zz}和剪切应力τ_{xy}，τ_{xz}，τ_{yz}等。

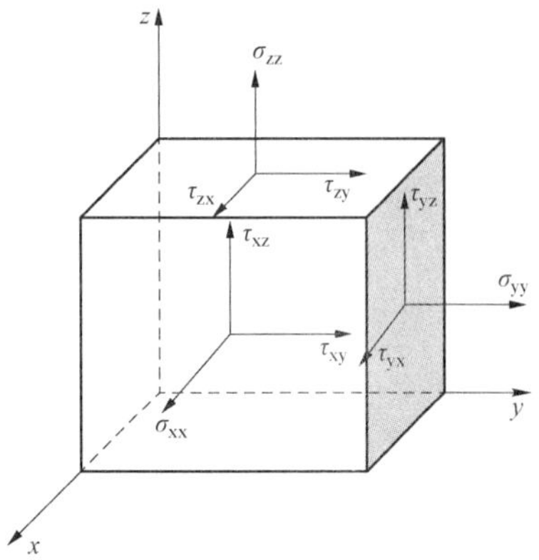

图 1–9 应力分量

应力分量下标的含义：应力分量σ和τ下标的第 1 个字母表示应力作用面的法线方向，第 2 个字母代表应力作用的方向。

应力分量的正负号规定：正应力的正负号规定是拉应力（张应力）为正，压应力为负；剪应力的正负号规定是体积元上任意面上的法向力与坐标轴的正方向相同，则该面上的剪应力指向坐标轴的正方向者为正；如果该面上的法向应力指向坐标轴的负方向，则剪应力指向坐轴的正方向者为负。

法向应力导致材料的伸长或缩短，而剪切应力引起材料的切向畸变。

（2）应变。用来表征材料受力时内部各质点之间的相对位移。对于各向同性材料，有三种基本的应变类型：拉伸应变ε、剪切应变 γ和压缩应变△。

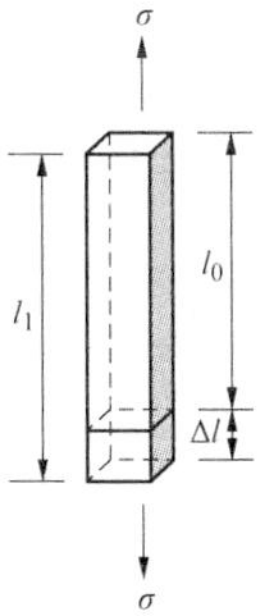

图 1–10 拉伸应变示意图

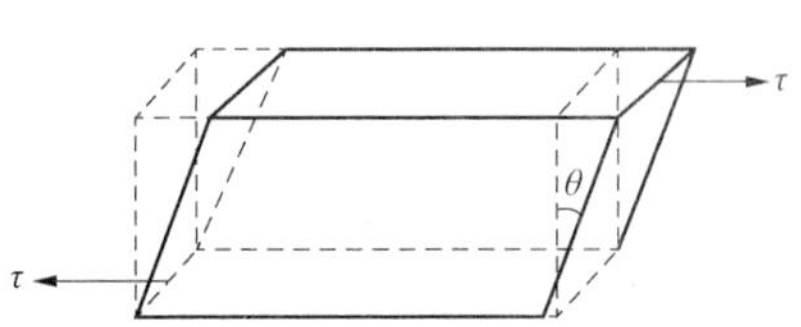

图 1–11 剪切应变示意图

拉伸应变是指材料受到垂直于截面积的大小相等、方向相反并作用在同一直线上的两个拉伸应力时材料发生的形变，如图 1–10 所示。一根长度为 10 的材料，在拉应力σ作用下被拉长到 11，则其拉伸应变 ε 为：

$$\varepsilon=\frac{l_1-l_0}{l_0}=\frac{\Delta l}{l_0}$$

剪切应变是指材料受到平行于截面积的大小相等、方向相反的两个剪切应力τ时发生的形变，如图 1–11 所示，在剪切应力τ作用下，材料发生偏斜，该偏斜角θ的正切值定义为剪切应变 γ：$\gamma=\mathrm{tg}\theta$

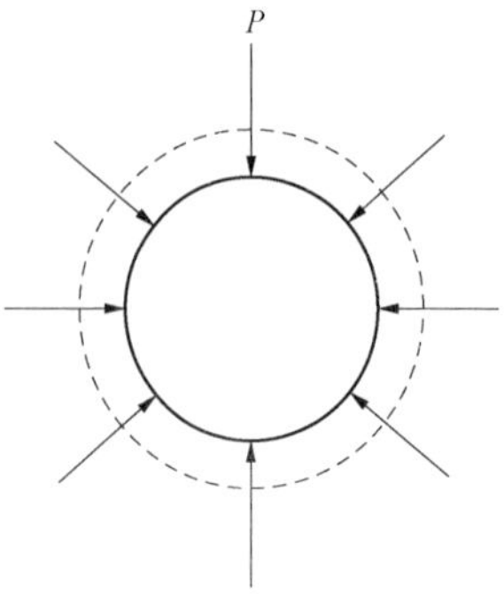

图 1–12　压缩应变示意图

压缩应变△是指材料周围受到均匀应力 P 时，其体积从起始时的 V_0 变化为 V_1 的形变，如图 1–12 所示：

$$\Delta=\frac{V_0-V_1}{V_0}=\frac{\Delta V}{V_0}$$

（3）应力的种类。除了上面所说的拉应力和压应力外，还有剪切应力，弯曲应力，交变应力等。

1）剪切应力。如剪刀剪切物体时，作用在物体两侧面上的外力是一对方向相反，大小相等，作用线相距很近的横向力，两力之间的横截分界面发生相对错动而致剪断。物体这种变形形式称为剪切；承受剪切力的横截分界面称为剪切面；剪切面单位面积上剪力的大小，称为剪应力。如图 1–13 所示。

2）弯曲应力。又称挠曲应力，如图 1–14 所示，梁结构在外力作用下发生弯曲，梁的各纵向线靠顶面的缩短了，而靠底面的则伸长了，不伸长也不缩短，的线称为中性轴。受弯构件横截面上有两种内力，即弯矩和剪力，弯矩在横截面上产生正应力，剪力产生剪切力。弯矩产生的法向正应力是影响强度和刚度的主要因素，剪应力是次要因素。沿厚度方向的弯曲正应力是变化的，其最大值发生在表面，顶面的压应力值最大，底面的拉应力值最大，设计时一般取最大值进行强度校核。

当受力构件形状不连续时，如壁厚改变（如筒体不直，截面不圆，接缝有错边，棱角，表面凹凸不平，以及不同壁厚的板相连接等）时，会在不连续处及其附近产生附加弯曲应力和剪应力。

3）交变应力。工程构件承受随时间周期变化的应力，称为交变应力。如图 1–15（加一个周期标志）所示，应力每重复变化一次的过程，称为一个应力循环。在一个应力循环中，应力有最大值σ_{max} 和最小值σ_{min}。当最大应力和最小应力的值大小相等，方向相反，即$\sigma_{min}/\sigma_{max}=-1$ 时，称为对称循环的交变应力；当最小应力$\sigma_{min}=0$ 时，称为脉动循环的交变应力。

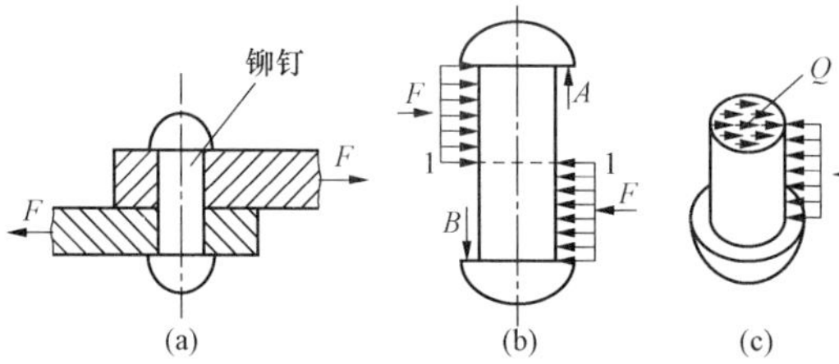

图 1–13 剪切

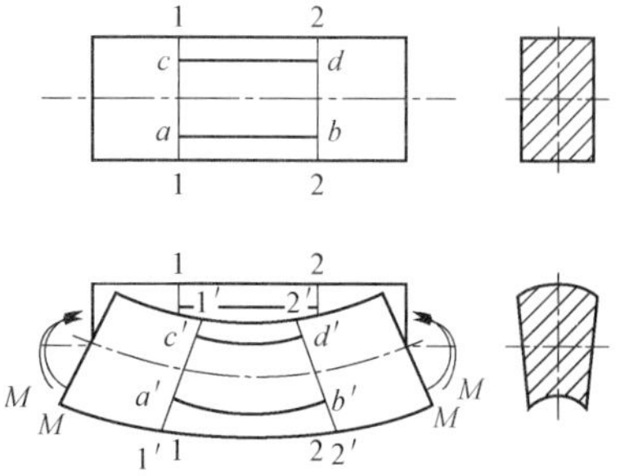

图 1–14 弯曲

如压力容器设备的一次升压和卸压过程，可视为一个脉动交变应力循环。实践表明，即使应力明显低于材料屈服极限（见材料的力学性能），长期在交变应力下工作的构件，也会引起构件裂纹断裂，即疲劳破坏现象。

材料在规定次数应力循环后发生断裂时的最大应力称为疲劳极限，用σ–1表示。金属材料规定的循环基数 N_0：钢为 10^7，有色金属为 10^8。

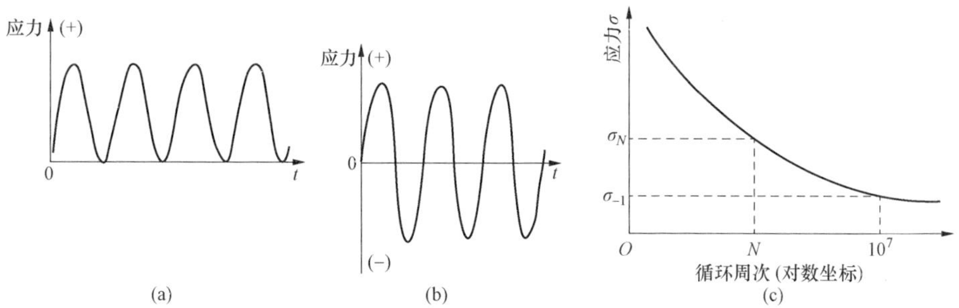

图 1–15 交变应力

（a）脉动循环交变应力；（b）对称循环交变应力；（c）疲劳曲线

2. 应力集中的概念

应力集中，是指物体中应力局部增高的现象，一般出现在构件形状和尺寸急剧变化的地方，如缺口、孔洞、沟槽以及有刚性约束处。应力集中能使构件产生疲劳裂纹，也能使脆性材料制成的零件发生静载断裂。如图 1–16（改图数据为字符），构件在轴向拉伸时，其横截面上由于截面的尺寸突然变化的正应力不再均匀分布，出现局部应力有增大的现象即产生应力集中。应力集中的程度通常用最大局部应力σ_{max}与该截面上的名义应力σ之比来衡量，称为应力集中系数K，即$K=\sigma_{max}/\sigma$。

在应力集中处，应力的最大值（峰值应力）与物体的几何形状和加载方式等因素有关。局部增高的应力随与峰值应力点的间距的增加而迅速衰减。由于峰值应力往往超过屈服极限而造成应力的重新分配，所以，实际的峰值应力常低于按弹性力学计算得到的理论峰值应力。

承压设备应力集中问题，除因构件横截面形状和尺寸突变结构原因引起外，还可由缺陷引起。这些缺陷统称为缺口，例如表面损伤、焊缝咬边、气孔、夹渣、未焊透、未熔合、裂纹等。应力集中的严重程度与缺口大小有关，同时与缺口的尖锐程度有关。缺口越尖锐，即缺口根部曲率半径越小，应力集中系数就越大。在各种缺陷形成的缺口中，以裂纹的根部曲率半径最小，所以裂纹引起的应力集中最为严重。

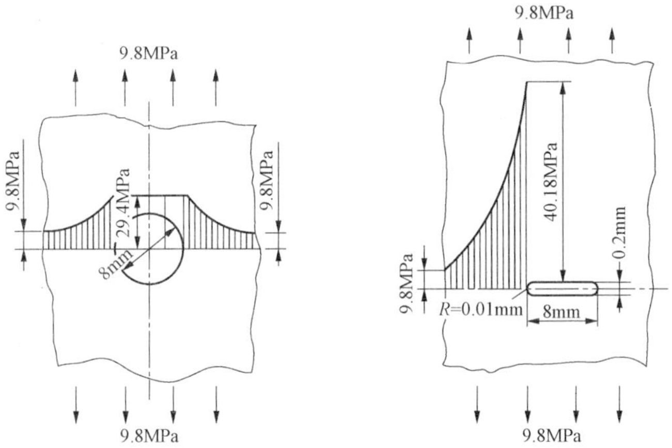

图 1–16　有圆孔和槽的无限大的板拉伸时的应力集中

1.3.2　受压元件壳体应力特点

承受内压作用的锅炉、压力容器及压力管道等设备，内部压强会使壳体内产生拉应力，亦称为工作应力。如图 1–17 所示，一般按薄壁回转壳体的简化模型来计算承压类特种设备壳体的工作应力，则只存在两向应力，即轴向应力σ_m和环向应力（或称切向应力）σ_θ。在内压作用下的应力大小，可用截面法简化求得：

轴向应力$\sigma_m=PD/4\delta$，环向应力$\sigma_\theta=PD/2\delta$，其中平均直径$D=D_i+\delta$

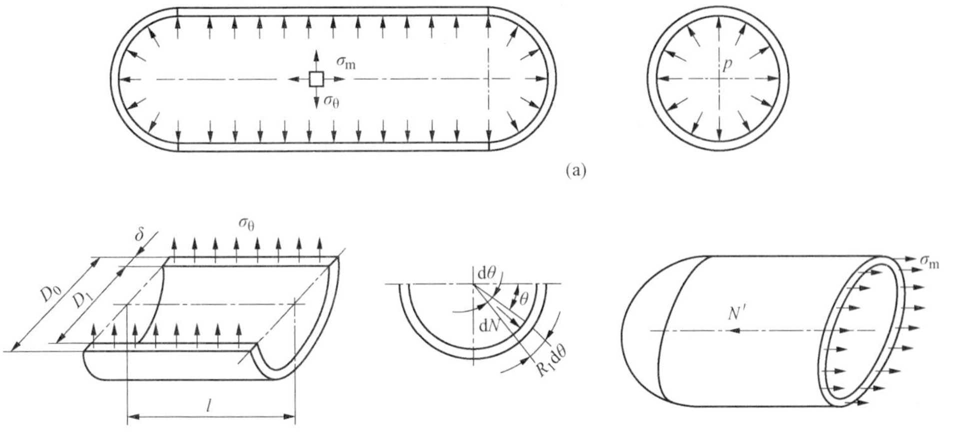

图 1–17 截面法求解圆筒应力

由公式可知，应力的大小与压力 P 和壳体直径 D 成正比，与壳体壁厚 δ 成反比；轴向应力 σ_m 是环向应力 σ_θ 的一半，即对圆筒形承压壳体来说，环焊缝受力只是纵焊缝的一半；而对球形壳体来说，由于其几何形状相对球心是对称的，轴向应力和环向应力是相等的。因此，在相同的压力和直径下，球形壳体的设计壁厚理论上可比圆筒形壳体大约可减少一半。

但实际工作状态下的容器，其壳体中的应力是比较复杂的，除了由内压引起的总体薄膜应力外，还存在其他应力，例如由于形状变化，壁厚改变，结构不连续引起的局部附加拉应力，压应力，弯曲应力；由于缺陷或缺口引起的应力集中；由于冷变形和焊接等加工过程留下的残余应力；以及运行状态下温度变化产生的热应力。这些应力可通过一些分析计算方法求得，或通过一些物理方法测定。

1.3.3 金属力学性能基础知识

金属材料力学性能指标主要有强度、硬度、塑性、韧性等，可以通过力学性能试验测定。

1. 强度

金属的强度是指金属抵抗永久变形和断裂的能力。材料强度指标可以通过拉伸试验测出（标准 GB/T 228）。拉伸试验装置，如图 1–18 所示，把一定尺寸和形状的金属试样（见图 1–19）装夹在试验机上，然后对试样逐渐施加拉伸载荷，直至把试样拉断为止。

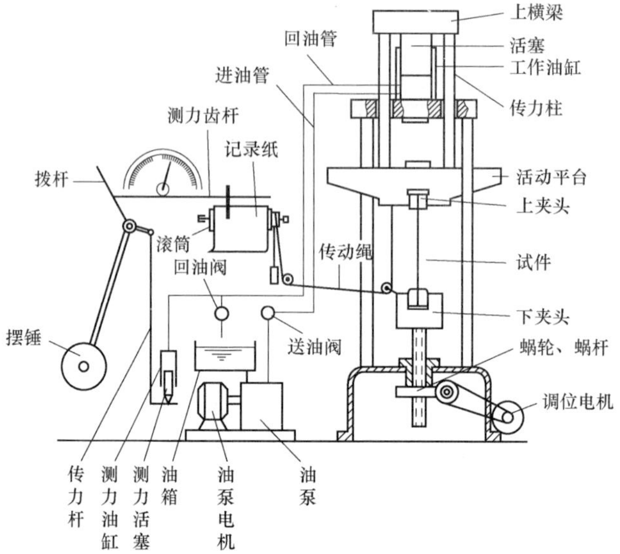

图 1–18　拉伸试验装置工作示意图

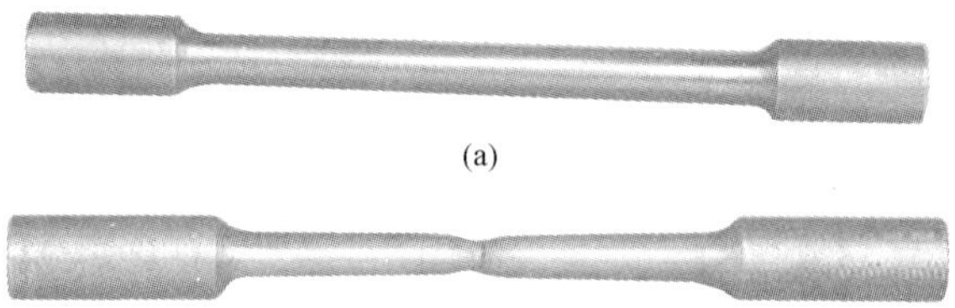

(a)

(b)

图 1–19　钢的标准拉伸试棒

（a）拉断前；（b）拉断后

根据试样在拉伸过程中承受的载荷和产生的变形量之间的关系，可绘出该金属的拉伸曲线，如图 1–20 所示，其纵坐标是应力σ，横坐标是应变 ε。所以曲线称为σ- ε 曲线。

分析低碳钢的拉伸曲线，可以将拉伸过程分为四个阶段：

（1）弹性阶段。即曲线的 O～A 直线段。在此段内应力与应变成正比，符合虎克定律，卸载后变形可全部消失，该段称为线弹性阶段，应力与应变的比值为一常量，称为弹性模量 E。弹性模量反映钢材的刚度，是钢材受力条件下计算结构变形的重要指标。

（2）屈服阶段。当超过 A 点即出现连续的均匀的微小塑性变形，C 点及其后一段微小波动的水平线，称为屈服段，C 点称作屈服点。屈服阶段应力不增加，但塑性变形在不断增加，即材料已失去抵抗继续变形的能力。在屈服阶段，材料内部晶格间发生滑移，滑移线大致与轴线成 45° 角，这一阶段里材料的变形主要是塑性变形。“C”点对应的应力称为屈服强度，用 R_{eL} 表示，单位为 MPa。设计中一般以屈服点作为强度取值依据。

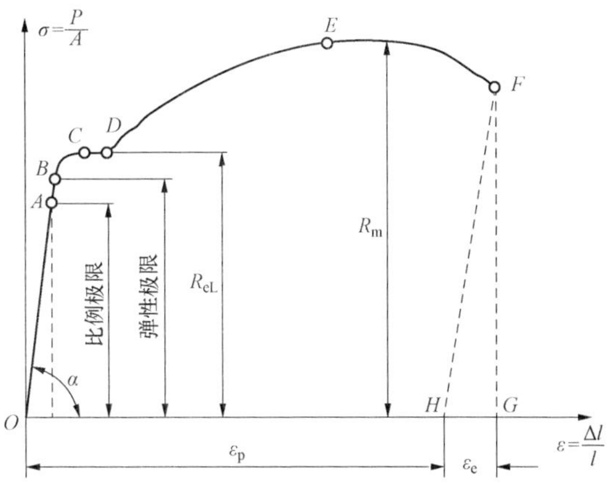

图 1–20　退火低碳钢的拉伸曲线

（3）强化阶段。即曲线的 D～E 段。当变形超过屈服阶段后，材料又恢复了变形抵抗能力，即欲使试件变形继续增加，必须增加应力值，这种现象称为应变硬化现象。这是因为材料经过塑性变形后，内部组织晶格被拉长扭曲，从而提高了材料抗变形能力。曲线的最高点 E 点所对应的应力即为材料的抗拉强度，用 R_m 表示，单位为 MPa。抗拉强度可直接利用，其与屈服强度的比值（即屈强比）能够反映钢材的安全可靠程度和利用率。

（4）颈缩阶段。即曲线的 E～F 段。应力达到抗拉强度 R_m 后，材料变形迅速增大，而应力反而下降，试件拉断前，于薄弱处截面显著局部缩小，出现所谓“颈缩现象”。由于颈缩部分的横截面急剧减小，因而使试件继续变形所需的载荷也减小了，曲线明显下降，到达 F 点时试件被拉断。

抗拉强度 R_m、屈服强度 R_{eL} 是评价材料强度性能的两个重要指标。一般金属材料构件都是在弹性状态下工作的，不允许发生塑性变形，所以机械设计中应采用 R_{eL} 作为强度指标，并加上适当的安全系数。但由于抗拉强度测定较方便，数据也较准确，所以机械设计中也经常采用 R_m，但需使用较大的安全系数。一般机械设计中，以 R_{eL} 作为强度指标时，安全系数 n_s=1.5～2.0；采用作为 R_m 强度指标时，安全系数 n_b=2.0～5.0。例如，我国现行锅炉规范强度设计中（螺栓材料除外），取 n_s=1.5，n_b=2.7；压力容器规范强度设计中，取 n_s=1.5，n_b=2.7。

图 1–20 是低碳钢的拉伸曲线。有些材料，例如高碳钢、铸铁，以及大多数合金钢，屈服现象不明显。对这些材料，工程上规定试件发生某一微量塑性变形

时的应力作为该材料的屈服点，例如以材料塑性伸长 0.2%作为屈服点，其屈服强度用 $R_{p0.2}$ 表示。

2. 塑性

塑性是指材料在载荷作用下断裂前发生不可逆永久变形的能力。评定材料塑性的指标通常用伸长率和断面收缩率。可对如图 1–19 所示拉伸试验拉断后的试样尺寸进行测量计算得到。

伸长率 A 可用下式确定：$A=[(L_u-L_o)/L_o]\times100\%$

式中

L_o——试件原标距长度；

L_u——拉断后试件的标距长度。

在材料手册中常常看到 A_5 和 A_{10} 两种符号，它们分别表示用 $L_o=5d$ 和 $L_o=10d$（d 为试件直径）两种不同长度试件测定的伸长率。同--材料的 A_5 和 A_{10} 是不同的，A_5 值较大而 A_{10} 值较小，所以相同符号的伸长率才能互相比较。

断面收缩率 Z 可用下式求得：$Z=[(S_o-S_u)/A_o]\times100\%$

式中

S_o——试件原来的截面积；

S_u——试件拉断后颈缩处的截面积。

断面收缩率不受试件标距长度的影响，因此能更可靠地反映材料的塑性。

对必须承受强烈变形的材料，塑性指标具有重要意义。塑性优良的材料冷压成型的性能好。此外，重要的受力元件要求具有一定塑性，因为塑性指标较高的材料制成的元件不容易发生脆性破坏，在破坏前元件将出现较大的塑性变形，与脆性材料相比有较大的安全性。塑性良好的低碳钢和低合金钢的 A 值在 25%以上。国内锅炉受压元件用钢板室温断后伸长率，应不小于 18%。

伸长率和断面收缩率还表明材料在静载和缓慢拉伸状态下的韧性。在很多情况下，收缩率高的材料可承受较大的冲击吸收功。

对材料塑性的要求有一定限度，并不是越大越好。单纯追求塑性，会限制材料强度使用水平的提高，造成产品粗大笨重，浪费材料和使用寿命不长。

3. 硬度

材料局部抵抗硬物压入变形或刻划破坏其表面的能力称为硬度。是比较各种固体材料软硬的指标。由于规定了不同的测试方法，所以有不同的硬度标准。各种硬度标准的力学含义不同，相互不能直接换算，但可通过试验加以对比。硬度不是一个简单的物理概念，而是材料弹性、强度、塑性、韧性等力学性能的综合指标。硬度与强度有一定关系，一般情况下，硬度较高的材料其强度也较高，所以可以通过测试硬度来估算材料强度。此外，硬度较高的材料耐磨性较好。

硬度可分为：① 划痕硬度。主要用于比较不同矿物的软硬程度，方法是选一根一端硬一端软的棒，将被测材料沿棒划过，根据出现划痕的位置确定被测材料的软硬。定性地说，硬物体划出的划痕长，软物体划出的划痕短。② 压入硬度。主要用于金属材料，方法是用一定的载荷将规定的压头压入被测材料，以材料表面局部塑性变形的大小比较被测材料的软硬。由于压头、载荷以及载荷持续时间的不同，压入硬度有多种，主要是布氏硬度、洛氏硬度、维氏硬度和显微硬度等几种。③ 回跳硬度。主要用于金属材料，方法是使一特制的小锤从一定高度自由下落冲击被测材料的试样，并以试样在冲击过程中储存（继而释放）应变能的多少（通过小锤的回跳高度测定）确定材料的硬度。

常用压入硬度和回跳硬度来测量特种设备材料的硬度，主要试验方法有：布氏硬度 HB、洛氏硬度 HR、维氏硬度 HV、里氏硬度 HL。

（1）布氏硬度 HB。如图 1–21 所示，布氏硬度试验方法是把规定直径的淬火钢球（或硬质合金球）以一定的试验力 F 压入所测材料表面，保持规定时间后，测量表面压痕直径 d。由 d 计算出压痕表面积 S。然后，计算出布氏硬度值 $HB=F/S$。按照压头种类，布氏硬度值有两种不同表示符号。淬火钢球作压头测得的硬度值用 HBS 表示，硬质合金作压头测得的硬度值用 HBW 表示。

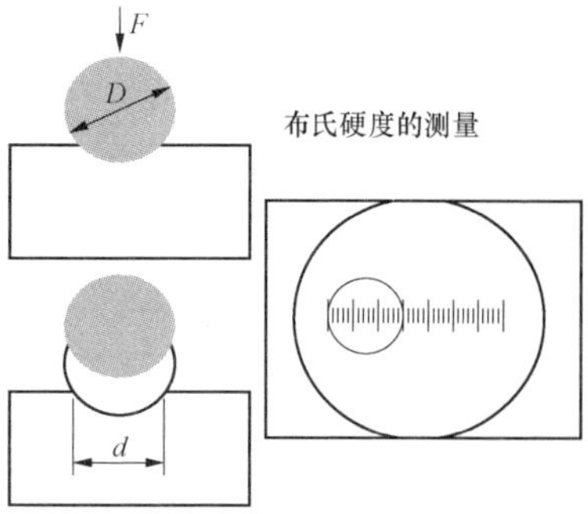

图 1–21 布氏硬示意图

布氏硬度试验方法主要用于硬度较低的一些材料，例如经退火，正火，调质处理的钢材，以及铸铁，非铁金属等。其优点是测量准确，数据稳定，重复性强。缺点是压痕面积较大，测量费时，不能测量成品零件或薄工件。

（2）洛氏硬度 HR。如图 1–22 所示，洛氏硬度是以一定的压力将压头压入试样表面，以残留于的压痕深度来表示材料的硬度。测量洛氏硬度的原理和过程如图 1–22 所示。

为了满足从软到硬各种材料的硬度测定，按照压头种类和总试验力的大小组成三种洛氏硬度标度，分别用 HRA，HRB，HRC 表示。其中 HRB 使用的是钢球压头，用于测量非铁金属，退火或正火钢等；HRA 和 HRC 使用 120° 金刚石圆锥体压头，可用于测量淬火钢，硬质合金，渗碳层等的硬度。

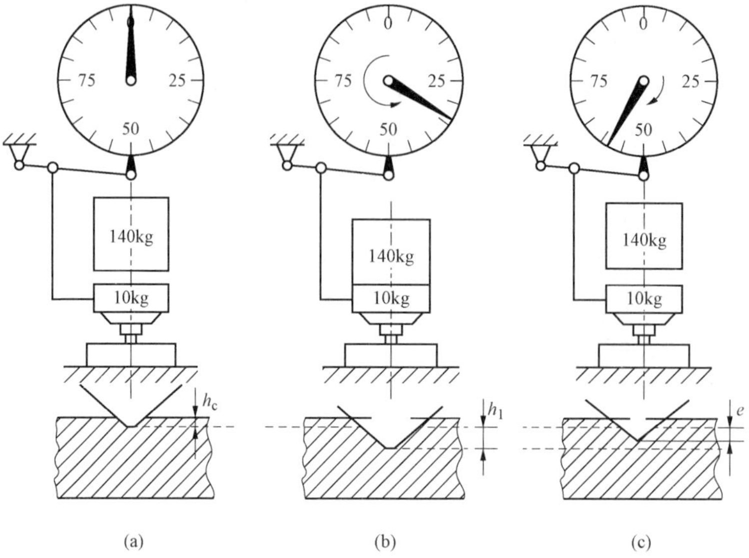

图 1–22　洛氏硬度测试示意图

（a）加预载荷；（b）加主载荷；（c）卸主载荷

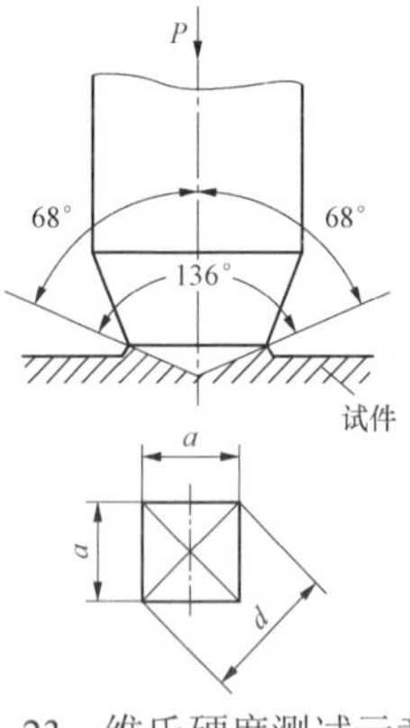

图 1–23　维氏硬度测试示意图

洛氏硬度试验适用范围广，操作简便迅速，而且压痕较小，适用于测量成品和薄工件，故在钢铁热处理质量检查中应用最多。缺点是测量精度较低，可比性差，不同标尺的硬度值不能比较，不适于测量组织不均匀的材料硬度。

（3）维氏硬度 HV。如图 1–23 所示，维氏硬度主要用于测量金属的表面硬度。它采用正棱角锥体金刚石压头，在一定试验力下在试件表面压出正方形压痕，然后通过测量压痕两对角线平均长度来确定硬度值。

$$HV = \frac{P}{S} = \frac{P}{\dfrac{d^2}{2\sin 68^\circ}} = 1.8544\frac{P}{d^2}$$

采用较低的试验力可以使维氏硬度试验的压痕非常小，这样就可以用来测量不同区域甚至是金相组织中不同相的硬度。焊接性能试验项目中的最高硬度试验，就是采用维氏硬度来测定焊缝、熔合线和热影响区的硬度。它所测定的硬度值比布氏、洛氏硬度精确。缺点是测量操作较麻烦，测量效率低。

（4）里氏硬度 HL。测量原理是：当材料被一个小冲击体撞击时，较硬的材料使冲击体产生的反弹速度大于较软者。里氏硬度计采用一个装有碳化钨球的冲击测头，在一定的试验力作用下冲击试样表面，利用电磁感应原理中速度与电压成正比的关系，测量出冲击测头距试样表面 1mm 处的冲击速度和回跳速度。里氏硬度值 HL 以冲击测头回跳速度 V_R 与冲击速度 V_A 之比来表示：$HL=1000\times V_R/V_A$。

里氏硬度计体积小，重量轻，操作简便，在任何方向上均可测试，所以特别适合现场使用。由于测量获得的信号是电压值，电脑处理十分方便，测量后可立即读出硬度值，并能即时换算为布、洛、维等各种硬度值。

4. 冲击韧性

冲击韧性是反映金属材料对外来冲击负荷的抵抗能力指标，一般用冲击吸收能量和冲击韧度（ak）表示，其单位分别为 J（焦耳）和 J/cm^2。

如图 1–24 所示，工程上金属材料的韧性采用摆锤冲击试验的冲击吸收能量作为材料韧性指标。冲击吸收能量是在摆锤式冲击试验机上测定的，摆锤冲断带有缺口的试样，试样所吸收的能量称为冲击吸收能量，单位为 J（焦耳），按标准 GB/T 229，根据试件缺口形状和摆锤刀刃的尺寸，有 KU2、KU8、KV2、KV8 等 4 种冲击吸收能量表征方式，数值越大，材料韧性越好。V 形缺口根部半径小，对冲击更敏感，承压类特种设备材料的冲击试验规定试样必须用 V 形缺口，常用 10mm×10mm×55mm，带 2mm 深的 V 形缺口夏氏冲击试样冲击吸收能量 KV2 作为衡量标准。

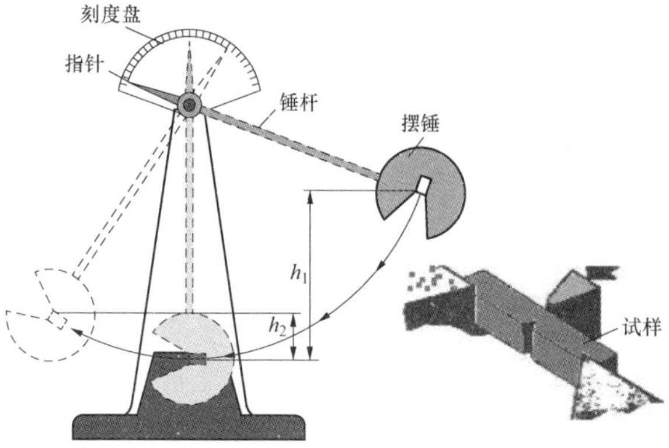

图 1–24 摆锤冲击试验示意图

冲击韧度（ak）：akv（aku）=冲击吸收能量/A（A，试样缺口处截面积），这是一个数学平均值，实际上冲击试样承受弯曲载荷，缺口截面上的应力分布不均匀，塑性变形和试样所吸收的功主要集中在缺口附近，故平均值是没有物理意义，目前在材料研究和重要的工程中这一指标已不大使用了，一般直接用冲击吸收能量，即冲击功率来衡量。

试样受到摆锤的突然打击而断裂时，其断裂过程是一个裂纹发生和发展过程。在裂纹发展过程中，如果塑性变形能够产生在断裂的前面，就将能阻止裂纹的扩展，而裂纹的继续发展就需消耗更多的能量。因此，冲击吸收能量的高低，取决于材料有无迅速塑性变形的能力。冲击吸收能量高的材料一般具有较高的塑性，但塑性指标较高的材料却不一定具有较高的冲击韧性，这是因为在静载荷下能够缓慢塑性变形的材料，在冲击载荷下不一定能迅速发生塑性变形。在材料的各项机械性能指标中，冲击韧性是对材料的化学成分，冶金质量，组织状态，内部缺陷以及试验温度等比较敏感的一个质量指标，同时也是衡量材料脆性转变和断裂特性的重要指标。

摆锤冲击试验工程上应用非常广泛，主要有以下用途：

（1）反映原始材料的冶金质量和热加工产品的质量。通过测量冲击吸收能量和对冲击试样断口分析，可揭示原材料中的气孔、偏析、严重分层和夹杂物超标等冶金缺陷；还可检查过热、过烧、回火脆性等锻造或热处理缺陷。

（2）测定材料的韧脆性转变温度。

5. 高温力学性能指标

在高温下，载荷持续时间对力学性能影响很大，金属在高温下的力学性能，不能够简单用常温短时拉伸曲线来评定，还必须考虑温度和时间两个因素，高温下金属会产生蠕变，金属在一定温度和一定应力长期作用下，随着时间的推移缓慢地发生塑性变形的现象称蠕变，这种变形的最终结果将导致材料发生呈脆性的蠕变断裂。钢材发生蠕变的温度与材料的成分和性能有关，当温度达到材料熔点的 1/3 到 1/2 时，如碳钢在 300～350℃，一般合金钢在 350～450℃，即使是应力在屈服极限以下，试件也会产生塑性变形（即蠕变），时间愈长，变形量愈大，直至断裂。温度越高，应力越大，蠕变速度就越快。反映材料的高温力学性能主要有蠕变极限、持久强度、持久塑性三个指标，都是通过长期高温试验得到的。

（1）蠕变极限。蠕变过程常用变形与时间之间的关系曲线来描述，这样的曲线称为蠕变曲线。金属材料的典型蠕变曲线如图 1–25 所示。蠕变可以分为四个阶段：

起始段：

在外力作用下发生瞬间弹性形变，即应力和应变同步。若外力超过试验温度下的弹性极限，则起始段也包括一部分塑性形变。

第一阶段蠕变：过渡阶段

此阶段也叫蠕变减速阶段。其特点是应变速率随时间递减，持续时间较短，应变速率有如下关系：$U=\dfrac{d\varepsilon}{dt}=\mathrm{A}t^{-n}$

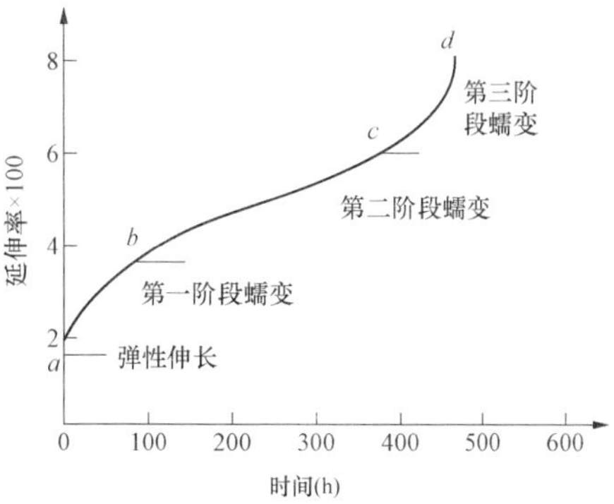

图 1–25 金属材料典型蠕变曲线

A 为常数。低温时 $n=1$，得 $\varepsilon=A\ln t$；高温时，$n=2/3$，得 $\varepsilon=Bt^{-2/3}$，此阶段类似于可逆滞弹性形变。

第二阶段蠕变：稳定蠕变

此阶段的形变速率最小，且恒定。形变与时间的关系为线性关系，如下式所示：

$$\varepsilon=Kt$$

第三阶段蠕变：加速蠕变

该阶段是断裂即将来临之前的最后一个阶段。其特点是曲线较陡，说明蠕变速率随时间增加而快速增加。

同一材料的蠕变曲线随应力的大小和温度的高低而不同，均是通过恒定温度或恒定应力长时间试验做出来的。影响蠕变试验结果的因素很多，其中最主要的是温度控制的长期稳定性、形变测量精度和试样加工工艺。

金属材料在一定温度和规定的时间内的蠕变变形量或蠕变速度不超过某一规定值时所能承受的最大应力，称为蠕变极限。即在一定温度下使试样在蠕变第二阶段产生规定蠕变速率的应力，或在一定温度下和规定时间间隔内使试样产生规定伸长率的应力。对于某些在长期高温运转过程中只允许产生一定量形变的构件，如电站锅炉、蒸汽轮机，蠕变极限是重要的设计依据，规定蠕变速率为 10^{-5}（%/小时）相当于 10 万小时的形变量为 1%。其相对温度的蠕变试验通常要进行数万小时乃至更长的时间。

（2）持久强度及持久塑性。持久强度试验同蠕变试验相似，但在试验过程中只确定试样的断裂时间，其试验方法是：保持某一恒定温度，对一组试样分别选取不同的应力进行试验直到断裂为止，得出一组试验持续时间，然后在双对数坐标纸上画出应力与持续时间的关系曲线，由之求出规定时间下的应力，即持久强度。持久塑性是用试样在断裂后的延伸率和断面收缩率来表示的，表示材料在温度、应力共同作用下在规定的持续时间内的塑性变形值，它与材料的缺口敏感性、低周疲劳性能和抗裂纹发展能力等有关。

持久试验时间的长短根据产品对象而定，例如对喷气发动机零件，一般提供数百到数千小时的持久强度数据；而电站动力设备用材料则要求提供十万到二十万小时的持久强度数据。在实际试验中，常用较短时间的试验结果来外推长时间的性能，但外推时间一般应不大于实际最长试验时间的 10 倍。

高温材料特别是发电厂使用的管材，应具有良好的持久塑性，希望不低于 3%～5%。过低的持久塑性，会使材料发生脆性破坏，降低其使用奉命。

1.3.4 屈强比的概念

材料的屈服极限和强度极限的比值，即 R_{eL}/R_m，称为屈强比。屈强比值越小，表示材料的屈服极限和强度极限的差距越大，材料的塑性越好，使用中的安全裕度越大。相反，如屈强比值较大，则表示该材料的屈服极限与强度极限接近，材料在断裂前的塑性“储备”少，使用中的安全裕度相对较小。虽然使用高屈强比的材料可以节省材料用量，但这类材料对应力集中较为敏感，抗疲劳性能较差，且较易出现加工硬化现象而使材料变脆。

钢的强度等级越高，其屈强比也越高，所以使用高强度钢，特别是抗拉强度下限 R_m 大于 540MPa 的低合金高强度钢材料的要十分谨慎。一般说来，当屈强比大于 0.7 时应加以重视，对屈强比大于 0.8 的材料更要从严控制，且应特别注意：① 结构设计时应尽量避免局部应力过高或应力集中；② 制造时要尽量避免加工硬化，减少残余应力；③ 更高表面质量要求，例如表面成形要圆滑过渡，对表面各种划伤和损伤的控制更严，焊缝不允许咬边等；④ 无损检测对允许存在的各种缺陷的限制应从严。

1.3.5 钢材的冷脆性和热脆性

用于制作承压类特种设备受压元件所用的钢材，在常温静载条件下一般都有较好的塑性和韧性。实际上，在一些不利的条件或环境下使用的塑性材料也会发生塑性和韧性降低的脆化现象。材料脆性破坏，无明显变形，破坏前无预兆，对承压类特种设备的使用安全是极为不利的。常见的材料脆化现象有以下几种：

1. 冷脆性

随着温度的降低，大多数钢材的强度有所增加，而韧性下降。金属材料在低温下呈现的脆性称为冷脆性。材料由延性破坏转变到脆性破坏的上限温度称为韧脆转变温度 Tk。为防止发生低温脆性破坏，钢材的最低允许工作温度就应高于韧脆转变温度 Tk 的上限。具有面心立方晶格结构的奥氏体不会发生低温脆性，而体心立方晶格的铁素体会发生低温脆性。目前尚无简单的判据求韧脆转变温度 Tk，通常只是根据冲击吸收能量、塑性变形或断口形貌随温度的变化定义 Tk。下面介绍根据冲击试验的冲击吸收能量和断口形貌判据定义的方法。

图 1–26 为根据低温冲击试验定义低碳钢材料的韧脆转变温度曲线图。高温度高冲击吸收能量区域和低于一定温度后低冲击吸收能量区域是一条平直线，其冲击吸收能量数值基本恒定，中间斜线部分随着温度降低其冲击吸收能量呈明显降低，如图冲击吸收能量出现拐点处所对应的温度即为发生冷脆性转变温度。工程上韧脆转变温度主要按以下方法界定：

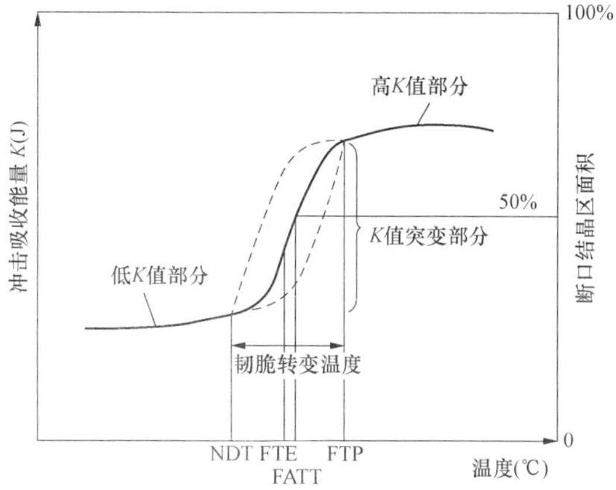

图 1–26　低温冲击试验冲击吸收能量—温度曲线

（1）当低于某一温度材料的冲击吸收能量基本不随温度而变化，形成一平台，该能量称为“低阶能”，以低阶能开始上升的温度定义 Tk，并记为 NDT，称为无塑性（或零塑性）转变温度。这是无塑性变形断裂对应的温度。在 NDT 以下，断口由 100%结晶区（解理区）组成。

（2）高于某一温度材料冲击吸收能量也基本不变，形成一个平台，称为“高阶能”，以高阶能对应的温度 Tk，记为 FTP。高于 FTP 的断裂，将得到 100%的纤维断口，即 FTP 是不出现结晶断口的最低温度所对应的韧脆转变温度。

（3）以冲击吸收能量为 KV_2=15 尺磅（21J）对应温度定义的 Tk，并记为 $V_{15}TT$。

（4）以低阶能和高阶能平均值对应的温度定义的 Tk，记为 FTE。

（5）断口形貌准则法。规定以冲击断口上纤维区与结晶区相对面积达一定比例时所对应的温度，例如取结晶区面积占总面积 50%所对应的温度，以 $FATT_{50}$ 表示。

影响钢材低温脆性的因素：① 晶体结构的影响。体心立方金属及其合金存在低温脆性，面心立方金属及其合金一般不存在低温脆性。② 化学成分的影响。间隙溶质元素含量增加，高阶能下降，韧脆转变温度提高；置换溶质元素含量增加，也降低高阶能，提高韧脆转变温度，但这种影响较间隙原子小得多；杂质元素 S、P、Pb、Sn、As 等使钢材的韧性下降，提高韧脆转变温度。③ 显微组织的影响。细化晶粒可使钢材韧性增加。在较低强度水平，强度相同而组织不同的钢材，其冲击吸收能量和韧脆转变温度以回火索氏体最佳，贝氏体回火组织次之，片状珠光体组织最差。在低碳合金钢中，经不完全等温处理获得贝氏体和马氏体的混合组织，其韧性比单一马氏体或贝氏体组织要好。

保证承压类特种设备受压元件不产生低温脆性的措施：① 在低温条件下工作的设备必须使用低温专用钢材和焊接材料；② 所用材料、焊接工艺试板、产品试板应经设计温度下的低温冲击试验合格；③ 结构设计和制造中应注意减小应力，避免应力集中产生；④ 低温设备的表面质量验收应比一般设备更为严格，焊缝不允许出现咬边，无损检测中发现的缺陷应从严评定。

2. 热脆

某些钢材长时间停留在 400～500℃后再冷却至室温时，冲击韧度值会有明显的下降，这种现象称为回火脆性或热脆。值得注意的是，具有热脆性的钢材在高温下并不呈现脆化，仍具有较高的冲击韧度，只有当冷却至室温时，才显示出脆化现象。钢材的热脆性只有通过冲击试验才会明显地显示出来，一般比正常冲击韧度下降 50%～60%，甚至下降 80%～90%。对于将工作温度在 400～500℃内的受压元件，必须重视这一问题。对钢进行加热温度达 1000℃以上的焊接、锻造及轧制等热加工时，晶界上低熔点硫化物共晶体熔化致开裂的现象，称为热脆性。

具有热脆性的钢材，金相组织没有明显的变化。无损检测不能检测和判定热脆性。材料是否产生热脆一般采用冲击试验方法判断。

1.3.6 氢对钢的性能的影响

氢对钢铁材料的危害性较大。由氢导致的材质劣化的现象统称为氢损伤。氢损伤分为氢脆和氢腐蚀。

1. 氢脆

钢材中的氢会使材料的力学性能脆化，这种现象称为氢脆。氢脆主要发生在碳钢和低合金钢，图 1–27 表示不同屈服极限的钢的氢量与材料断面收缩率关系，从图示可知：同种材料的断面收缩率随着氢含量的增加面下降；屈服极限越大的材料断面收缩率的对氢含量的影响愈敏感。

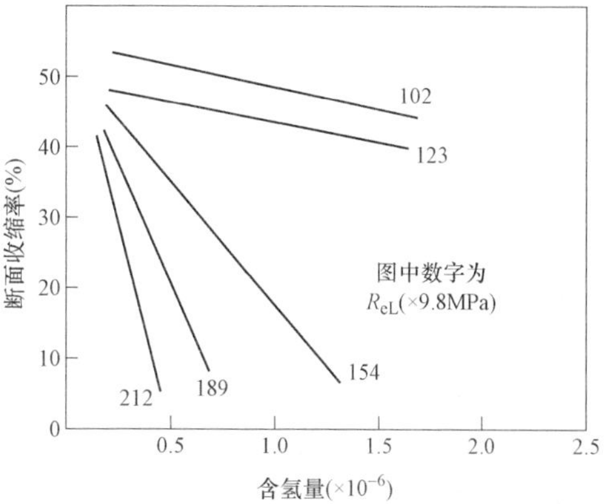

图 1–27 不同屈服极限的钢氢脆关系曲线

钢中氢的来源主要有下列三个方面：冶炼过程中溶解在钢水中的氢，在结晶冷凝时没有能及时逸出而存留在钢材中；焊接过程中水分或油污在电弧高温下分解出的氢溶入钢材中；设备运行过程中，工作介质中的氢进入钢材中。此外，钢试件酸洗不当也可能导致氢脆。

含氢的钢材当应力大于某一临界值时，就会发生氢脆断裂。氢对钢材的脆化过程是一个微观裂纹在高应力作用下的扩展过程。脆断应力可低达屈服极限的 20%。由图 1–24 可知，钢材的强度愈高（所承受的应力愈大），对氢脆愈敏感。容器中的应力水平，包括工作应力及残余应力是导致氢脆的很重要的因素。氢脆是一种延迟断裂，断裂迟延的时间可能只是几分钟，也可能是几天。

氢脆断裂只发生在–100～200℃的温度范围内。很低的温度不利于氢的移动和聚集，不易发生氢脆，而较高的温度可以使氢从钢中逸出，减少钢中的氢含量，从而避免脆化。焊后保温及热处理，其目的是利用高温下氢能从钢中扩散逸出的原理，来降低焊缝中氢含量。它是改善焊接接头力学性能的有效措施。

氢在钢材中心部位聚集造成的细微裂纹群，称为白点。

2. 氢腐蚀

钢受到高温高压氢（对于碳钢，温度高于 250℃，氢分压大于 2MPa）作用后，钢中的碳与渗入的氢反应生成甲烷，使其强度、韧性明显降低，并且是不可逆的，这种现象叫作氢腐蚀。反应生成的甲烷在钢中的扩散能力很低，只能聚集在晶界原有的微观空隙内。随着反应的进行，反应的局部区域的碳浓度降低，该区域强度降低；同时甲烷量不断增加，局部形成很高的压力，使该处发展成裂纹。在靠近近钢表面的分层夹杂物等缺陷中聚集而形成鼓泡。发生氢腐蚀时，钢的组织发生脱碳，渗碳体分解，沿晶界出现大量微裂纹，钢的强度、韧性丧失殆尽。

无损检测不能检测和判定氢损伤。其余种类的氢损伤检测：氢鼓泡一般用肉眼便可观察到；白点可应用超声波检方法测出来；氢致表面裂纹可应用磁粉或渗透方法检测出来；氢腐蚀可通过硬度试验和金相方法检测和判定。

1.3.7 应力腐蚀开裂（SCC）

1. 概述

应力腐蚀开裂是指承受拉应力作用的金属材料在特定介质环境下由于应力和腐蚀的协同作用而发生的脆性断裂。与单纯的应力造成的破坏或单纯的腐蚀引起的破坏不同，应力腐蚀有时会在很低的应力水平或腐蚀性很弱的介质中发生。应力腐蚀所引起的破坏事先往往没有明显的变形预兆，结果是脆性断裂突然发生，故危害性极大。

应力腐蚀只有在特定条件下才会发生：

（1）元件承受拉应力的作用。拉应力可由外界因素产生，也可由加工过程中产生，或由残余应力产生。一般来说，只需具有很小的拉应力即可能引起应力腐蚀。

（2）具有与材料种类相匹配的特定腐蚀介质环境。每种材料只在某些介质中才会发生应力腐蚀，而在另一些介质中不发生应力腐蚀。例如，会使普通钢材发生应力腐蚀的介质有：氢氧化物溶液、含有硝酸盐、碳酸盐、氰酸盐或硫化氢的水溶液、海水、硫酸一硝酸混合液、液氨等。会使奥氏体不锈钢发生应力腐蚀的介质有：酸性及中性的氯化物溶液、海水、热的氟化物溶液及氢氧化物溶液等。低合金钢焊制的压力容器和压力管道最常见的应力腐蚀环境包括：湿 H_2S 环境，液氨环境以及 NaOH 溶液。而奥氏体不锈钢压力容器和压力管道最常见的应力腐蚀是氯离子引起的。

（3）材料应力腐蚀的敏感性。对钢材来说，应力腐蚀的敏感性与钢材成分、组织及热处理等情况有关。例如，低合金钢的应力腐蚀倾向比碳钢大；高强度级别低合金钢的应力腐蚀倾向比低强度级别低合金钢大；压力容器焊后进行整体消应力热处理，可大大降低应力腐蚀敏感性。

应力腐蚀裂纹发生在与腐蚀介质接触的表面。应力腐蚀裂纹呈枯树枝状，大体上沿着垂直于拉应力的方向发展，裂纹的微观形态有穿晶型、沿晶型和两者兼有的混合型。

2. 常见的应力腐蚀开裂有：

（1）碱脆（也称苛性脆化）。金属在氢氧化钠溶液中的应力腐蚀开裂称为碱脆（这种脆化一般发生在受压元件的铆接及胀接处）。碳钢、低合金钢、不锈钢等多种金属材料皆可发生碱脆。碱脆的破坏形式是在肉眼看到的主裂纹上有大量肉眼看不到的分枝细裂纹。元件发生碱脆时，裂纹附近的钢材仍具有良好的塑性及脆性性能。碱脆的细裂纹需要通过金相方法检测判定。

（2）不锈钢的氯离子应力腐蚀开裂。氯离子不但能引起不锈钢孔蚀，更能引起不锈钢的应力腐蚀开裂，发生应力腐蚀开裂的临界氯离子浓度随温度的升高而减小，高温下氯离子浓度达到 1mg/kg 即能引起开裂。不锈钢的氯离子应力腐蚀裂纹是典型的枯树枝状，并常常以孔蚀为起源。

（3）不锈钢多硫酸应力腐蚀开裂。在石油炼制工业中，以加氢脱硫装置为典型，不锈钢多硫酸（$H_2S_xO_6$，x=3～5）的应力腐蚀开裂颇引人注目。

（4）硫化氢腐蚀开裂（SSCC）。金属在同时含硫化氢及水的介质中发生的应力腐蚀开裂即为硫化氢腐蚀开裂，简称硫裂。

（5）其他常见的应力腐蚀开裂体系：碳钢和低合金钢在液氨中的应力腐蚀开裂；碳钢在 $CO-CO_2-H_2O$ 环境中的应力腐蚀开裂；奥氏体不锈钢在高温水中的应力腐蚀开裂；碳钢在硝酸盐溶液中、煤气液中、焦炉气中都有应力腐蚀开裂敏感性等。

大尺寸的应力腐蚀裂纹在目视检查中肉眼可见，射线或超声方法也可检出，而较细小的应力腐蚀裂纹需要通过磁粉探伤或渗透方法才能发现，更微小的应力腐蚀裂纹则需要采用金相方法检验。

1.4　承压类特种设备常用材料

1.4.1　特种设备用材的基本要求

承压类特种设备在承压状态下运行，有些还要同时承受高温或腐蚀性介质的作用，材料要承受较大的工作应力和恶劣的工作条件。设备如果在使用过程中发生材料断裂失效，将发生高温气体爆炸、有毒有害介质泄漏等破坏性事故，会造成严重损失。因此，对制作承压类特种设备的材料有一定的要求。这些要求包括：

（1）为保证安全性和经济性，所用材料应有足够的强度。

（2）为保证在承受外加载荷时不发生脆性破坏，所用材料应有良好的韧性。根据使用条件不同，其常温冲击韧性、低温冲击韧性以及时效冲击韧性等材料的韧性指标应符合要求。

（3）应有良好的加工工艺性能，主要指冷热加工成型性能和焊接性能。

（4）应有良好的低倍组织和表面质量，分层、疏松、非金属夹杂物、气孔等缺陷应尽可能少，不允许有裂纹和白点。

（5）制造高温受压元件的材料应具有良好的高温特性，包括足够的蠕变强度，持久强度和持久塑性，以及良好的高温组织稳定性和高温抗氧化性。

（6）与腐蚀介质接触的材料应具有优良的抗腐蚀性能。

低碳钢，低合金钢，奥氏体不锈钢是制作承压类特种设备常用的金属材料。根据需要，也可采用其他材料制作承压类特种设备的，例如铸钢、铸铁、铜、铝及铝合金、钛及钛合金、镍及镍合金、铁素体不锈钢、铁索体–奥氏体双相不锈钢等。此外，承压类特种设备锻件和螺栓也有采用中碳钢的。

1.4.2 钢的分类和命名方法

钢是以铁为主要元素，含碳量一般在2%以下，并含其他元素的材料。

钢的分类可分为“按化学成分分类”和“按主要质量等级和主要性能及使用特性分类”两部分。

按化学成分分类，钢可分为碳素钢，低合金钢，合金钢三大类。

我们通常按钢的化学成分分类与使用用途分类综合起来进行如下分类：

钢分碳素钢和合金钢：碳素钢包括碳素结构钢、优质碳素结构钢和碳素工具钢。合金钢包括合金结构钢、合金工具钢、特殊性能钢。合金结构钢又分低合金结构钢、渗碳钢、调质钢、弹簧钢、滚动轴承钢；合金工具钢又分刃具钢、模具钢、量具钢；特殊性能钢包括不锈钢、耐热钢、耐磨钢及其他。

1. 碳钢的分类和命名

（1）碳钢的分类。

碳钢以铁与碳为两个基本组元，此外还存在少量的其他元素，例如 Mn、Si、S、P、O、N、H 等。这些元素不是为了改善钢的性能而特意加入的，而是由于冶炼过程无法去除，或是由于冶炼工艺需要而加入的。这些元素在碳钢中被称为杂质元素。

① 按含碳量分类：低碳钢，含碳量≤0.25%；中碳钢，含碳量=0.25%～0.6%。高碳钢，含碳量＞0.6%。

② 按钢的质量（即硫、磷含量）分类：普通碳素钢，含硫量≤0.050%，含磷量≤0.045%，如 Q235A；优质碳素钢，含硫量≤0.040%，含磷量≤0.040%，如 Q235C；高级优质碳素钢，含硫量≤0.030%，含磷量≤0.035%。

③ 按钢的用途分类：碳素结构钢，主要用于制作各种工程结构件和机器零件，一般为低碳钢。碳素工具钢，主要用于制作各种刀具、量具、模具等，一般为高碳钢。

④ 按冶炼时脱氧程度分类：沸腾钢，浇注前未作脱氧处理，钢水注入锭模后，钢中的氧与碳反应，产生大量 CO 气泡而引起钢液沸腾，故称沸腾钢，沸腾钢成材率高，材料塑性好，但组织不致密，化学成分偏析大，力学性能不均；镇静钢，浇注前作充分脱氧处理，浇注时无 CO 气泡产生，锭模内钢液平静，故称镇静钢，镇静钢材质均匀致密，强度较高，化学成分偏析小，但成材率低，成本高。半镇静钢，钢液脱氧程度不够充分，浇注时产生轻微沸腾，钢的组织、性能、成材率介于沸腾钢和镇静钢之间。

⑤ 按冶炼方法和设备分类：平炉钢；转炉钢；电炉钢。上述每种钢因炉衬材料不同而分为酸性和碱性两类。

（2）碳钢的牌号及表示方法。

1）碳素结构钢：

① 普通碳素结构钢（现行标准 GB 700—2006）现行标准规定普通碳素结构钢的表示方法为：QXXX—XX。

其中第一部分 Q 是“屈服点”的汉语拼音第一个字母大写；第二部分 XXX 为钢的屈服强度值（单位 MPa）；第三部分 X 是质量等级，分为 A、B、C、D、E，其中 S、P 含量依次下降，质量提高；第四部分 X 是脱氧方法，有 F、b、Z、TZ 四种，其中 F 代表沸腾钢，b 代表半镇静钢，Z 代表镇静钢，TZ 特殊镇静钢。

普通碳素结构钢有 Q195、Q215、Q235、Q255 及 Q275。

② 优质碳素结构钢（现行标准 GB 699—2015）优质碳素结构钢的牌号用两位数字表示，这两位数字是钢平均含碳量质量的万分比。例如：08 钢表示平均含碳量 0.08%，20 钢表示平均含碳量 0.20%。优质碳素结构钢按含锰量的不同分为普通含锰量（0.35%～0.8%）和较高含锰量（0.8%～1.2%）两

组。对含锰量较高的一组，牌号数字后面应附加“Mn”，如 15Mn、20Mn 等，以示与普通含锰量的区别。如为沸腾钢，则在牌号数字后面加“F”，如 08F、15F 等。

③ 专门用途的碳素钢。专门用途的碳素钢应在牌号尾部加代表用途的符号。

④ 碳素铸钢。铸钢牌号用“铸钢”的汉语拼音字首 ZG 表示，后面两组数字分别表示该铸钢的 R_{eL} 和 R_m 值，例如 ZG200–400，ZG280–500 等。

2）碳素工具钢。碳素工具钢编号是在“碳”字的汉语拼音字首“T”之后附加数字表示，数字表示平均含碳量质量的千分比，如 T8、T12，分别表示含碳量 0.8%和 1.2%的碳素工具钢如为高级优质碳素工具钢，则在数字后面加 A，如 T8A、T12A 等。

2. 合金钢的分类和命名

（1）合金钢的分类。为了改善钢的性能，在钢中特意加入了除铁和碳以外的其他元素，这一类钢称为合金钢，通常加入的合金元素有锰、铬、镍、钼、铜、铝、硅、钨、钒、铌、锆、钴、钛、硼、氮等。

1）按合金元素的加入量分类：① 低合金钢，合金总量不超过 5%；② 中合金钢，合金总量 5%～10%；③ 高合金钢，合金总量超过 10%。

2）按用途分类：

① 合金结构钢，专用于制造各种工程结构和机器零件的钢种；② 合金工具钢，专用于制造各种工具的钢种；③ 特殊性能合金钢，具有特殊物理，化学性能的钢种，例如耐酸钢、耐热钢、电工钢等。

3）按钢的组织分类：合金钢可分为珠光体钢、奥氏体钢、铁素体钢、马氏体钢等。

4）按所含主要合金元素分类：合金钢可分为铬钢、铬镍钢、锰钢、硅锰钢等。

（2）合金钢的牌号及表示方法。我国合金钢牌号按含碳量，合金元素种类和含量，质量级别和用途来编排。牌号首部用数字表明含碳量，为区别用途，低合金钢，合金结构钢用两位数表示平均含碳量的万分比；高合金钢，不锈耐酸钢，耐热钢用一位数表示平均含碳量的千分比，当平均含碳量小于 0.1%时用“0”表示，含碳量小于 0.03%时用“00”表示。牌号的第二部分用元素符号表明钢中主要合金元素，含量由其后数字标明，当平均含量少于 1.5%时不标数字；平均含量为 1.5%～2.49%时，标数字 2；平均含量为 2.5%～3.49%时，标数字

3；……。高级优质合金钢在牌号尾部加 A，专门用途的低合金钢、合金结构钢在牌号尾部加代表用途的符号。例如 09MnNiDR，表明该合金钢平均含碳量 0.09%，锰、镍平均含量均小于 1.5%，是低温压力容器专用钢；06Cr18Ni11Ti，表明该合金钢属高合金钢，含碳量小于 0.08%，含铬量为 17.0%～19.0%，含镍量为 9.0%～12.0%，含钛量小于 5C～0.7%。

1.4.3 钢中杂质元素对钢性能的影响

1. 锰（Mn）

锰一般是随着炼钢脱氧剂带入，锰与硫的结合力较强，钢中生成的 MnS 夹杂对钢的性能有较大影响，所以碳钢规定锰量小于 0.8%。同时锰作为合金元素，能溶入铁素体形成置换固溶体，在钢中有增加强度、细化组织、提高韧性的作用。优质碳素结构钢中正常锰含量是 0.5%～0.8%；锰合金结构钢可达 0.7%～1.2%。

2. 硅（Si）

硅是随着炼钢脱氧剂带入，硅与氧的结合力较强，生成的 SiO_2 对钢的性能有影响，所以碳钢规定其含量小于 0.5%。硅能溶入铁素体，使铁素体强化，在钢中有提高强度、硬度、弹性的作用，但会使钢的塑性、韧性降低。

3. 硫（S）

硫是由矿石、生铁和燃料中进入钢中的有害杂质，硫难溶于铁，生成的 FeS 分布在奥氏体晶界，使钢材在 1000℃左右热轧时产生热脆，导致开裂。硫还与其他杂质形成的夹杂物常导致钢材开裂。钢材焊接时硫与铁形成低熔点共晶体 FeS（熔点 985℃）分布于晶界上，导致焊缝产生热脆。因此必须严格限制硫在钢中的含量，压力容器专用钢材的含硫量应不大于 0.020%。

4. 磷（P）

磷也是一种有害杂质，主要来自矿石和生铁。磷是炼钢中难以除尽的杂质，它固溶于铁素体中，显著降低钢的塑性和韧性，尤其在低温时，韧性降低特别厉害，这种现象称为“冷脆”；磷使钢产生偏析影响焊接性能。磷在钢中含量有严格限制，压力容器专用钢材的含磷量应不大于 0.030%，低温容器用钢则要求控制在更低的水平。

5. 氮（N）、氧（O）、氢（H）

钢在冶炼过程中与空气接触，钢液会吸收一定数量的氮和氧；而钢中氢含量的增加则是由于潮湿的炉料，浇注系统和潮湿的空气。氮、氧、氢在钢中都是有害杂质。

氮会形成气泡和疏松，含氮高的低碳钢特别不耐腐蚀并，会使低碳钢出现应变时效现象。应变时效是指经过冷变形（变形量超过 5%）的低碳钢，再加热至 250～350℃时韧性降低的现象。当钢材经过冷弯、卷边等冷变形后再进行焊接，有时会在距焊缝 40～50mm 处出现裂纹。此即应变时效导致的结果。

氧的存在会使钢的强度、塑性降低，热脆现象加重，疲劳强度下降。

氢会引起钢的氢脆，产生延迟裂纹、白点等危险缺陷。

1.4.4 钢中合金元素对钢性能的影响

1. 合金元素在钢中的存在形式和作用

钢中合金元素添加后主要与铁和碳发生反应。其中：Si、Ni、Cu、Al、Co 等合金称为非碳化物元素，在钢中它们不能与碳形成化合物，主要固溶于铁素体中；Ti、Zr、Mo、Mn 等为碳化合物元素，它们部分固溶于铁素体中，部分与碳化合成为碳化合物。另外，在高合金钢中还可能形成金属间化合物。

（1）合金元素与碳的作用。

合金元素按照形成碳化合物的能力由大到小排列为：Ti、Zr、Nb、V、W、Mo、Cr、Mn、Fe。其中，强碳化合物形成元素 Ti、Zr、Nb、V 都能形成特殊碳化合物，其碳化物不同于一般渗碳体；中等碳化合物形成元素 W、Mo、Cr 含量较低时与铁形成合金渗碳体，含量较高时可形成新的合金碳化物；弱碳化合物形成元素 Mn、Fe 少部分溶于渗碳体中，大部分溶于铁素体或奥氏体中。

（2）合金元素与铁的作用。

几乎的所有合金元素都可以与铁发生作用形成合金铁素体或合金奥氏体，除了 C、N、B 与铁形成间隙固溶体外，其他合金元素均与铁形成置换固溶体。

2. 主要合金元素对钢性能的影响

钢中通常添加的合金元素，有碳（C）、锰（Mn）、硅（Si）、铬（Cr）、镍（Ni）、钼（Mo）、钒（V）、硼（B）、铌 Nb 和稀土元素等。

（1）碳（C）。碳是钢中的主要合金元素，碳含量增加，钢的强度增加，但塑性和韧性降低，焊接性能变差。因此，制作焊接结构的承压类设备所使用的碳素钢，含碳量一般不超过 0.25%。

（2）硅（Si）、锰（Mn）。是低合金钢中最常用的强化元素，硅几乎全部溶于铁素体中。锰则约有 3/4 溶于铁素体中，其余溶入渗碳体中。锰的强化作用稍次于硅，每加 1%Mn 或 1%Si，可使铁素体屈服强度分别增高 33MPa 或 85MPa，但屈服强度每增加 10MPa，会使伸长率分别下降 0.6%或 0.65%，所以，在低合金钢中锰和硅的含量要加以适当限制，一般锰量和硅量分别不超过 2.2%和 0.8%。硅还能提高钢的抗氧化性和耐蚀性。低含量的锰对钢的抗氧化性和耐蚀性影响不显著。

（3）铬（Cr）和镍（Ni）在低合金中用量不大，铬、镍含量一般不超过 1%。其主要作用是提高淬透性，细化组织，取得强化效果；还能增加钢的耐大气腐蚀能力，改善冲击韧性和降低冷脆转变温度；铬除主要溶于铁素体外，部分存在于渗碳体中，可提高渗碳体的稳定性，降低珠光体球化倾向，防止钢的石墨化；镍几乎全部溶于铁素体中，不形成碳化物。

（4）钼（Mo）能形成特殊碳化物，有利于提高钢的高温强度和耐热性能。在合金结构钢中加入 0.5%钼，可抑制回火脆性；还能推迟过冷奥氏体向珠光体的转变，能够明显提高钢的淬透性能，使大横截面工件能淬透，从而对钢的组织产生显著影响。钼的主要不良影响是促进钢的石墨化。

（5）钒（V）对碳、氮都有很强的亲和力，能在钢中形成极稳定的碳化物和氮化物，以细小颗粒呈弥散分布，阻止晶粒长大，提高晶粒粗化温度，从而降低钢的过热敏感性，并且显著地提高钢的常温和高温强度以及韧性。还能增强钢的抗氢腐蚀能力。

（6）钛（Ti）是最强的碳化物形成元素，能提高钢在高温高压氢气氛中的稳定性。与碳形成的化合物碳化钛（TiC）极为稳定，因此钛能细化晶粒，提高钢的强度和韧性。

（7）铌（Nb）和钛相似，也是强的碳化物形成元素，当其含量大于含碳量 8 倍时，几乎可以固定钢中所有的碳，使钢具有良好的抗氢性能。由于碳化铌具有稳定、弥散的特点，可以细化晶粒，提高钢的强度和韧性。

（8）硼（B）一般在钢中用量甚微。微量硼能提高钢的淬透性，改善钢的高温强度。

（9）氮（N）溶入铁素体起着固溶强化作用。能与其他合金元素形成氮化物，如 TiN、AlN，产生细化晶粒的效果。

（10）稀土元素在我国储量极丰。炼钢时常加入适量主要成分为镧、铈、镨和钕混合稀土元素，能净化晶界上的杂质，提高钢的高温强度，还能改变钢中非金属夹杂物的形态，改善钢的塑性。

（11）铜（Cu）一般不是有意加入，而是冶炼时从生铁和废钢中带入的。有关标准规定压力容器使用的低合金钢中可残留少量的铜。在低碳合金钢中与适量的磷同时存在时，少量的铜可以提高钢的抗大气腐蚀性能；含铜量较高时，对钢的热加工不利，会使焊接性能恶化。

1.4.5 承压类设备用碳素钢和低合金钢

1. 承压类设备用碳素钢

承压类设备常用于受压件的碳素钢牌号，有 GB 713 标准中的 Q245R 及 GB/T 3274—2007 标准中的 Q235B、Q235C 等。

GB/T 3274—2007 中的 Q235B 和 Q235C 低碳钢，按 GB 150《钢制压力容器》的使用规定：

（1）钢的化学成分应符合 GB/T 700—2006 的规定，钢中磷、硫含量应符 $P\leqslant 0.0035\%$、$S\leqslant 0.035\%$。

（2）厚度等于大于 6mm 的钢板应进行冲击试验，试验结果应符合 GB/T 700 的规定。对用于温度低于 20℃至 0℃、厚度等于大于 6m 的 Q235C 的钢板，容器制造单位应附加进行横向试样的 0℃冲击试验，3 个标准冲击试样的冲击吸收能量 $KV_2\geqslant 27J$，一个试样的冲击吸收能量最低值以及小尺寸试样的冲击吸收能量数值按 GB/T 700 的相应规定。

（3）钢板应进行冷弯试验，冷弯合格结果符合 GB/T 700 的规定。

（4）容器设计压力小于 1.6MPa。

（5）钢板使用温度：Q235B 钢板为 20～300℃；Q235C 钢板为 0～300℃。

（6）用于容器壳体的钢板厚度：Q235B 和 Q235C 不大于 16mm。用于其他受压元件的钢板厚度：Q235B 不大于 30mm，Q235C 不大于 40mm。

（7）不得用于毒性程度为极度或高度危害的介质。

2. 承压类设备用低合金钢

低合金钢又称为低合金高强度钢，既有较高的强度，又有较好的塑性和韧性。使用低合金钢代替碳素结构钢，可在相同承载条件下，使结构重量减轻 20%～30%；合金含量较少，价格较低，冷、热成型及焊接工艺性能良好，从而在特种设备制造中应用广泛。

GB 713《锅炉和压力容器用钢板》用低合金钢牌号有：Q345R、Q370R、18MnMoNbR、13MnNiMoR、14Cr1MoR 等。压力管道用低合金钢牌号有：09MnV、16Mn 以及 12CrMo、15MrMo、12CrlMoV 和 1Cr5Mo 等。以下主要承压类设备用钢为主，介绍低合金钢一些特性。

（1）Q345R 具有良好的力学性能，一般在热轧和正火状态下使用。对于中、厚板材可进行 900～920℃正火处理。正火后强度略有下降，但塑性、韧性、低温冲击值都显著提高。

Q345R 的焊接性良好，一般情况下钢板厚度≤32mm 时焊前可不预热；对于重要的受压元件和钢板厚度大于 32mm 的构件，焊后一般需进行消除应力热处理，通常是加热至 600～650℃，保温后随炉冷却到一定温度后空冷。

Q345R 耐大气腐蚀性能优于低碳钢，腐蚀率比 Q235—A 钢板低 20%～28%，在海洋环境中也有较好的耐蚀性。该材料的缺口敏感性大于碳素钢。当缺口存在时，疲劳强度下降，且易产生裂纹。

（2）18MnMoNbR 在热轧状态下，晶粒粗大，韧性偏低，故一般在热处理后使用。可以施行两种热处理工艺：一种是在 950～960℃正火后，再在 620～650℃回火；另一种是调质处理。正火并回火后，钢的显微组织为低碳贝氏体，而调质处理后，钢的显微组织中出现低碳马氏体。

18MnMoNbR 的焊接性尚好，但有一定的淬硬倾向。焊接工艺中最关键的措施是焊前预热和焊后的消氢热处理，否则容易产生氢致延迟裂纹。

（3）07MnNiMoVR 是低碳多元微量合金化的低合金高强度钢，与其他低合金钢不同之点在于 07MnNiMoVR 降低了碳含量，用微量铬、钼、钒等元素来补偿因碳含量降低而带来的强度损失。07MnNiMoVR 的特点是高强度、高韧性，低的焊接冷裂纹敏感性。07MnNiMoVR 经淬火并回火后使用，其组织为板条状马氏体、贝氏体和少量回火马氏体，正是这种显微组织保证了强度和韧性的良好配合。07MnNiMoVR 用于建造-50℃用调质高强度钢板。

（4）X 系列管线钢。X 系列管线钢是按美国石油协会标准 APISpec5L 生产的管线用钢。包括 X60、X65、X80、X80 和 X100 多个等级。

该系列钢属于的多元素微合金强化低碳或超低碳锰钢，其 C 含量≤0.09%，含多种微量合金元素（0.01%～0.2%的 Nb、V、Ti、Mo 等元素）由于生产采用一系列冶金新工艺和新技术，例如真空脱气，连铸和多阶段的控轧控冷等。使钢的洁净度和组织均匀性提高，晶粒细化（针状铁素体组织），该系列钢具有高强度、高韧性和抗脆断能力（X80 屈服强度为 538～563MPa，-20℃的横向冲击值≥120J），低焊接碳当量和良好焊接性，以及抗腐蚀和 H2S 应力腐蚀能力。

国内目前主要品种是 X60～X80 级钢，X80 级钢有批量生产，X100 级钢也已经研制出来。“西气东输”长输管道采用的就是 X80 钢管。

1.4.6 低温用钢的种类及特点

低温用钢是指工作温度在-269～-20℃的工程结构用钢。目前由于能源结构的变化，愈来愈普遍地使用液化天然气、液化石油气、液氧、液氢、液氮、液氦和液体二氧化碳等液化气体。生产、储存、运输和使用这些液化气体的化工设备及构件愈多地在低温工况下工作。另外，寒冷地区的化工设备及构件常常使用在低温环境中。然而，低温下使用的压力容器、压力管道、设备及构件等脆性断裂时有发生。因此，对低温用钢的强韧性提出了更高的要求。

1. 低温用钢种类

国内常用的低合金低温用钢牌号有：16MnDR、15MnNiDR、15MnNiNbDR、09MnNiDR 等。低温压力容器使用的钢材除上述几种专用钢之外，还有含镍量较高的合金钢 08Ni3DR、06Ni9DR 钢以及属于高合金钢的奥氏体不锈钢。根据这些低温用钢显微金相组织的差异，可以将它们分为三类：铁素体钢、低碳马氏体钢和奥氏体钢。

（1）铁素体型钢。显微组织主要是铁素体，伴有少量珠光体。包括 16MnDR、15MnNiDR、15MnNiNbDR、09MnNiDR、07MnNiMoVDR 和 08Ni3DR 钢，此类钢焊接性良好、焊接工艺控制要点是采用小的焊接线能量和快速多层多道焊。

（2）低碳马氏体型钢。06Ni9DR 钢淬火后的显微组织为板条状马氏体、铁素体和少量奥氏体，经过 550～580℃回火后为含镍铁素体和含量为 12%～15%的富碳奥氏体。这种富碳奥氏体比较稳定，即使冷至–200℃也不会转变，从而使钢保持良好的低温韧性。热处理规范对 06Ni9DR 钢的低温韧性有重要影响。这种钢与高合金奥氏体钢（如 S30408）相比，具有较高的强度和较好的低温韧性，不仅节省了合金含量，也节省了钢材。06Ni9DR 钢可以采用手工焊、惰性气体保护焊和埋弧焊等常用的焊接方法。

（3）奥氏体型钢。用于制作低温压力容器的奥氏体钢有铬镍系的 S30408 和铁锰铝系的 15Mn26A14。由于具有面心立方结构，在温度下降时，这两种钢的韧性不出现陡然降低，而是缓慢下降，且下降幅度不很大。奥氏体钢的使用温度高于或等于–196℃时，可免做冲击试验。但冷变形会促进 1Cr18Ni9 发生 $\gamma-\varepsilon$ 相变。ε 相具有六角密排结构，它的产生会损害钢的韧性。15Mn26A14 在极低温度（–253℃）仍具有良好韧性，且时效敏感性也很小。

2. 低温用钢特点

（1）含碳量多限制在 0.2%以下。碳强烈地影响钢的低温韧性，随着碳含量增加，钢的冷脆转变温度急剧上升。

（2）锰和镍含量相对常温用钢高。锰对改善钢的低温韧性十分有利，随着含量增加，钢的冷脆转变温度下降；钢中含镍量每增加 1%，冷脆转变温度约可降低 10℃，所以，锰和镍是低温钢中常用的合金元素。

（3）杂质元素含量控制严格。硫、磷、砷、锑、锡、铅等微量元素和氮、氢、氧等气体对钢的低温韧性都产生不良影响，所以，GB 150 规定低温压力容器受压元件用钢必须是镇静钢，低温压力容器使用的专用钢的硫、磷含量都应低于一般低合金钢。

3. 低温用钢基本性能要求

国内目前规范标准将低温压力容器与非低温压力容器的温度界限规定为 –20℃，低温容器用钢的冲击试验温度应低于或等于该容器的最低设计温度，冲击试验采用夏比 V 形缺口，三个试样的冲击吸收能量平均值应大于标准规定的数值。

4. 影响低温用钢韧性的因素

影响低温韧性的因素有晶体结构、晶粒尺寸、冶炼的脱氧方法、热处理状态、钢板厚度、合金元素等，其中以合金元素的影响最为显著。

1.4.7 低合金耐热钢种类、特点及高温下性能劣化现象

工作温度为 400～600℃所使用的钢材多为低合金耐热钢，例如制造石油化工压力容器和高压锅炉所使用的钼钢、铬钼钢和铬钼钒钢。此类钢在中等高温具有良好的耐热性，且所含合金元素量不多，价格较低廉。

1. 低合金耐热钢种类

低合金耐热钢按材料显微组织可分为珠光体钢和贝氏体钢两类。

珠光体耐热钢：指供货状态下显微组织由珠光体（或索氏体）+铁素体一类合金耐热钢。合金元素含量总计不大于 5%，其合金系列有 Mo、Cr–Mo、Cr–Mo–V 等，如 15Mo，15CrMo，10CrMo910（T22），12Cr1MoV 等。相应材料最大允许壁温在 530～580℃之间，具有良好的高温强度和一定的抗氧化及氢腐蚀性能；均具有良好的焊接加工性能，但随着焊接元素及工件厚度也会出现焊接热影响区硬化以及延迟裂纹和再热裂纹问题，当含碳量偏高或焊材使用不当时，也会发生热裂纹。焊接始一般应采用预热及焊后缓冷和焊后热处理等措施。

贝氏体耐热钢：是指供货状态为贝氏体组织的一类低合金耐热钢。如钢 102（12Cr2MoWVTiB），л（12Cr3MoVSiTiB），T23 以及 12Cr2MoV 等，最大允许壁温可达 600℃，此类钢具有极好的持久强度和最佳的抗氢性能，12Cr2MoV 是典型的石油加氢裂化容器用钢。均具有明显的空淬倾向和再热裂纹问题，所以焊接及其工艺控制更为严格。

2. 低合金耐热钢特点

耐热钢的性能要求：

（1）抗氧化性。抗氧化性是指金属在高温下的抗氧化能力，其在很大程度上取决于金属氧化膜的结构和性能。提高钢的抗氧化性的最有效的方法是加入Cr、Si、Al等元素，它们能形成致密和稳定的尖晶石结构的氧化膜。

（2）热稳定性。热稳定性是指钢在高温下的强度。在高温下钢的强度较低，当受一定应力作用时，发生随时间而逐渐增大变形——蠕变。金属高温下强度降低，主要是按扩散加快和晶界强度下降的结果。所以提高高温强度可以从两方面着手，最重要的办法是合金化。

（3）耐热钢的成分特点。耐热钢中不可缺少的合金元素是Cr、Si或Al，特别是Cr。Cr的加入提高了钢的抗氧化能力，还有利于热强性，Mo、W、V、Ti等元素加入到钢中，能形成细小弥散的碳化物，提高室温和高温强度。

3. 低合金耐热钢高温下性能劣化现象

低合金耐热钢长时间使用后有可能发生性能劣化，即发生影响力学性能的组织结构变化，包括珠光体球化、石墨化、合金元素再分配等。

（1）珠光体球化和碳化物聚集长大。

中珠光体的球化和碳化物的聚集，是低合金耐热钢在使用过程中常出现的一种组织变化及性能劣化现象。由于片状物的表面能比球状物高，所以片状珠光体属亚稳定组织，其中渗碳体有转变成球状碳化物并聚集长大的自发趋势。这种转变要通过碳原子扩散来实现，只有在一定的温度下才会发生，两过程同时进行，因为晶界上的扩散速度较大，所以碳化物优先在晶界上析出。

影响珠光体碳化物球化的因素主要有温度、时间、化学成分、原始组织状态、变形程度等。在同样的温度、时间及化学成分下，球化速度取决于原始组织状态和机械硬化程度。加大硬化程度及减小实际晶粒度都会使球化过程加剧；部分合金元素对珠光体球化有阻滞作用，如钼能形成复合碳化物（Fe，Mo）C_3，提高渗碳体稳定性，从而延缓珠光体球化和碳化物聚集过程，因此，钼是低合金耐热钢中最常用的合金元素，多元合金化的钢，球化速度更慢，铬、钒、钨和钛等也是阻滞珠光体球化的元素，Al则促进球化。

珠光体球化的程度，一般可以分为：轻度球化，即珠光体中的片状碳化物开始球化，也有弥散碳化物析出及开始在晶内和晶界聚集；中度球化，即珠光体中碳化物基本上全部球状化，铁素体内碳化物颗粒明显增加，晶界有更多的碳化物聚集；完全球化，即原来的珠光体区域形态已消失，碳化物聚集长大。

珠光体球化会使低合金热强钢的高温及常温机械性能变化，常温的 R_m、R_{eL} 及 HB 等都下降，球化还会加速钢材的蠕变过程。一般认为，在长期高温的影响作用下，只有当钢材发展到严重球化程度之后，对它的材质性能才会发生明显的影响。中度球化会使碳素钢常温强度下降 10%～15%；严重球化时下降 20%～30%。可采用热处理方法使之恢复组织性能。

（2）石墨化。

钢在高温、应力长期作用下，由于珠光体内渗碳体自行分解出石墨的现象，$Fe_3C \rightarrow 3Fe+C$（石墨），称为石墨化现象。石墨化的第一步是珠光体球化，石墨化是钢中碳化物在高温长期作用下分解的最终结果，石墨的存在相当于钢中出现微裂纹，不仅弱化了渗碳体原有的强化作用，并且使钢的韧性大为降低，以至引起脆性断裂。

石墨化现象只出现在高温下。对于碳素钢约为 450℃以上，对于 0.5Mo 钢约在 480℃以上；温度升高，使石墨化加剧，但温度过高，非但不出现石墨化现象，反而使已生成的石墨与铁化合成渗碳体。焊缝的热影响区最易发生石墨化，往往沿着热影响区的外缘析出石墨。钢的脱氧方法严重影响钢的石墨化倾向，不用铝脱氧或脱氧用铝量小于 0.25kg/t 的钢实际上不出现石墨化，脱氧用铝量为（0.6～1）kg/t 的钢有不同程度的石墨化倾向。Si 和 Ni 具有与铝相似的促进钢石墨化的作用。凡能形成高稳定性碳化物的元素，如 Cr、Ti、V、Nb 等都能阻止石墨化。

（3）合金元素的再分配。

一般情况下，低合金耐热钢原始热处理状态下的碳化物主要是 M3C 型碳化物，经过高温长期运行后，碳化物将由 M3C 型转变为 M7C3 和 M23C6 型；M7C3 和 M23C6 型是复杂结构的碳化物，它们中合金元素含量的百分比要比 M3C 高，从而使合金元素在固溶体中的浓度相应地下降。合金元素在固溶体和碳化物中的含量发生变化，是通过合金元素扩散进行的、由不平衡状态向平衡状态转变的一种自发过程，其结果常是合金元素在固溶体中贫化和在碳化物中富集。

例如 0.5Mo 钢，钼的再分配导致含钼渗碳体转变为特殊碳化物（Mo，Fe）23C6，铁素体中的钼量锐减和渗碳体中的钼量剧增。合金元素的再分配往往引起钢的蠕变强度的降低。在钢中加入强的碳化物形成元素（如 Nb、V、Ti 等）能减缓合金扩散过程，阻滞合金元素的再分配。

1.4.8 奥氏体不锈钢种类、特点及腐蚀破坏形式

1. 不锈钢的种类

（1）按室温下的组织结构分类，有马氏体型、铁素体型、奥氏体型及奥氏体–铁素体双相不锈钢。

（2）按主要化学成分分类，可分为铬不锈钢和铬–镍不锈钢两大系，铬–镍–锰不锈钢形成的氧化膜不能够起到耐腐蚀作用，因此锰合金化的奥氏体不锈钢不能称之为真正的“不锈钢”。如以铬为主加元素的铁素体不锈钢（0Cr13，1Cr17等）和马氏体不锈钢（1Cr13，2Cr13 等），以铬、镍为主加元素的奥氏体不锈钢（0Cr18Ni9，00Cr18Ni10 等），以及以铬、镍为主加元素的奥氏体–铁素体双相不锈钢（Cr22Ni5MoN，Cr25Ni7Mo）和沉淀硬化型不锈钢（0Cr17Ni7Al，0Cr17Ni4Cu4Nb）。其中奥氏体不锈钢在压力容器中应用较为广泛。

在含铬 18%的钢中加入镍，当含镍量大于 13%时，可以在常温下获得稳定的单相奥氏体钢，习惯上称为 18–8 钢。但是经过热加工，在 1050～1100℃加热后进行快速冷却，进行固溶化处理，含镍低至 8%也可获得亚稳的单相状态的奥氏体组织，即 Cr18Ni8（s30408），这是一种较经济的奥氏体不锈钢。

2. 奥氏体不锈钢特点

（1）奥氏体类不锈钢的机械性能与铁素体类的相比较，其屈服点低，塑性、韧性好；

（2）奥氏体类不锈钢具有面心立方晶格方面所特有的性能，没有低温脆性，所以可作低温用钢；

（3）奥氏体类钢还具有良好的高温性能，可作耐热钢。

奥氏体不锈钢具有非常明显的加工硬化特性，其主要原因是由于亚稳的奥氏体在塑性变形过程中会形成马氏体，因此，不能用热处理来强化的奥氏体钢，但采用冷加工的方法可以对其进行强化处理；奥氏体类不锈钢较铁素体类钢具有导热系数小、膨胀系数大以及相对抗氧化性和应力腐蚀差等特点。

奥氏体不锈钢常用牌号 12Cr18Ni9（S30210），具有良好的化学稳定性，抗氧化性和某些还原性介质耐蚀性强。但敏化状态下存在晶间腐蚀敏感性，并在高温氯化物溶液中容易发生应力腐蚀开裂。降低碳含量，适量加入钛、铌、钼、硅、铜等元素，可使钢的耐蚀性得到改善。例如，为改善抗晶间腐蚀性能低碳（$C \leqslant 0.06\%$）06Cr18Ni9（S30408），超低碳（$C \leqslant 0.03\%$）022Cr18Ni10（S30403），以及加入钛来稳定碳 06Cr18Ni11Ti（S32168），为提高抗点蚀性能含

钼不锈钢 06Cr17Ni12Mo2（S31608）等。

3. 奥氏体不锈钢腐蚀破坏形式

主要有晶界腐蚀、点蚀及应力腐蚀破裂等三种腐蚀破坏形式。

（1）奥氏体不锈钢晶间腐蚀主要原因是晶间贫铬。如果奥氏体不锈钢在450～850℃的温度范围内长时间停留，钢中的碳会向奥氏体晶界扩散，并在晶界处与铬化合析出碳化铬（Cr23C6），则会造成晶界出现含铬低于 11.4%、厚度数十至数百纳米的贫铬区，使晶界不能抵抗某些介质的侵蚀，对腐蚀介质十分敏感。由于焊缝特别是热影响区熔合线区域难于避开 450～850℃的敏化温度，所以焊接接头抗晶间腐蚀性能差。除焊接外，其他热加工或使用环境温度处于敏化温度区间，也可能导致奥氏体不锈钢晶间贫铬。

晶间腐蚀始于金属表面，逐步深入其内部，沿晶界产生连续性的破坏，是奥氏体不锈钢较常见的腐蚀破坏形式；发生了晶间腐蚀的不锈钢，从外表看与正常钢材几乎没有差别，但被腐蚀的晶间几乎完全丧失了强度，在应力作用下会迅速产生沿晶间的断裂；晶间腐蚀试样弯曲 90°后，其外弯面可见明显的裂纹；最严重的可以完全失去金属声音，轻敲即可碎成粉末。

防止晶间腐蚀的措施有：

① 调整焊缝的化学成分，加入稳定化元素减少形成碳化铬的可能性，如加入钛或铌等；② 减少焊缝中的含碳量，可以减少和避免形成铬的碳化物，从而降低形成晶界腐蚀的倾向，含碳量在 0.04%以下，称为“超低碳”不锈钢，就可以避免铬的碳化物生成；③ 工艺措施，控制在危险温度区的停留时间，防止过热，快焊快冷，使碳来不及析出；④ 通过固溶处理和稳定化处理热处理方法来提高钢的抗晶间腐蚀性能。

（2）点腐蚀是一种局部腐蚀。当奥氏体钢使用环境介质中含有 Cl–，Br⁻时，会发生局部点蚀。增加 Cr、Mo、Ni 等元素的含量可提高不锈钢抗点蚀能力，含钼的高铬镍不锈钢 06Cr17Ni12Mo2Ti（S31668），06Cr17Ni12Mo2Nb（S31678）等具有较好的抗点蚀性能。

（3）应力腐蚀断裂也是奥氏体不锈钢常见典型破坏形式。有关应力腐蚀知识可参见 1.3.7。

防止措施：

① 使用双相不锈钢（奥氏体+少量铁素体）；② 特别注意冷变形或者焊接后的去除应力处理。

复 习 题

1. 什么是金属材料的使用性能和工艺性能？
2. 固体怎么分类？晶体的定义是什么？
3. 金属的典型的晶体结构有哪些？
4. 晶体按几何特征分哪几类？点缺陷有哪些？
5. 合金的相结构有哪些？铁合金的基本相有哪些？
6. 钢中氢的主要来源有哪些？氢对钢的性能有什么影响？
7. 什么是钢的应力腐蚀？产生应力腐蚀的特定条件有哪些？
8. 试述纯铁的同素异形转变？钢热处理的理论依据是什么？
9. 什么是应力集中？其影响因素有哪些？
10. 金属的力学性能指标有哪些？
11. 什么是金属的塑性？金属的塑性指标有哪些？
12. 硬度的概念是什么？常用的硬度试验有哪些？
13. 承压设备用钢的基本要求有哪些？
14. 什么是低合金钢？承压类设备采用低合金钢的原因是什么？
15. 什么是冲击韧性？怎么获得冲击吸收能量？影响冲击韧性的因素有哪些？
16. 金属典型蠕变曲线分为几个阶段？
17. 钢中碳含量对其性能有何影响？

2

金属热处理基本知识

2.1 钢热处理的一般过程

2.1.1 热处理概念及分类

在固态状态下，采用适当的方式将钢进行加热，保温和冷却，以改变其内部组织，从而获得所要求性能的一种工艺过程称为钢热处理。热处理是优化组织、强化钢材综合性能的重要工艺措施，热处理在特种设备等机械行业十分重要。

根据加热和冷却方式不同，可分类如下：

（1）整体热处理：淬火，正火，退火，回火等；

（2）表面热处理：表面感应淬火、火焰淬火，渗碳、渗氮、碳氮共渗等化学热处理；

（3）其他热处理：变形热处理，超细化热处理，真空热处理等。

热处理方法多，有由多次加热和冷却且速度不同的复杂过程组成的热处理，但基本工艺过程均由加热、保温、冷却三个阶段构成，温度、保温时间和速度特别是冷却速度是影响热处理的主要因素。任何热处理过程都可以用温度——时间曲线来说明，图 2–1 即为基本热处理工艺曲线图。

2.1.2 钢热处理时的组织转变

钢在热处理过程中的组织变化，由两个过程组成，一是加热时，将钢的常温组织转变为奥氏体；二是冷却时奥氏体分解，随着冷却速度的不同，得到不同形态和组分的珠光体、铁索体或马氏体等转变产物。

图 2–2 为铁碳合金状态图中钢的固态部分，与低碳钢相关的固态相变温度 GS

线和 PSK 线，分别称为 A_3 线和 A_1 线。钢热处理加热和冷却速度比制作相图的速度要快，故实际发生相变的温度将偏离相图线，存在过热和过冷现象，随着加热和冷却速度增大，相变温度偏离越大。加热时钢的相变温度将高于 A_3 线和 A_1 线，用 A_{c3} 线和 A_{c1} 表示；冷却时钢的相变温度将低于 A_3 线和 A_1 线，用 A_{r3} 线和 A_{r1} 线表示。

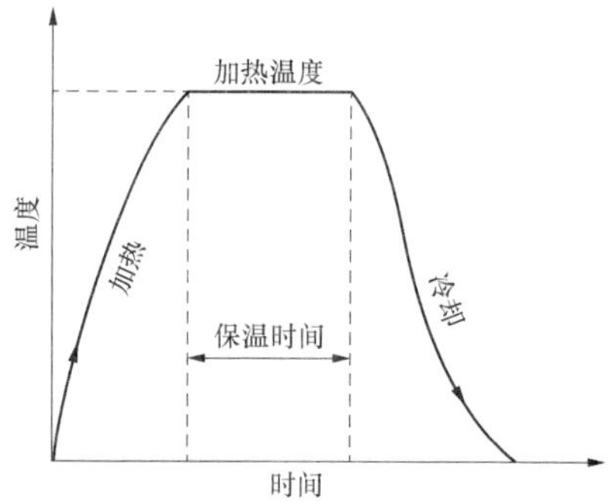

图 2–1　热处理的基本工艺曲线

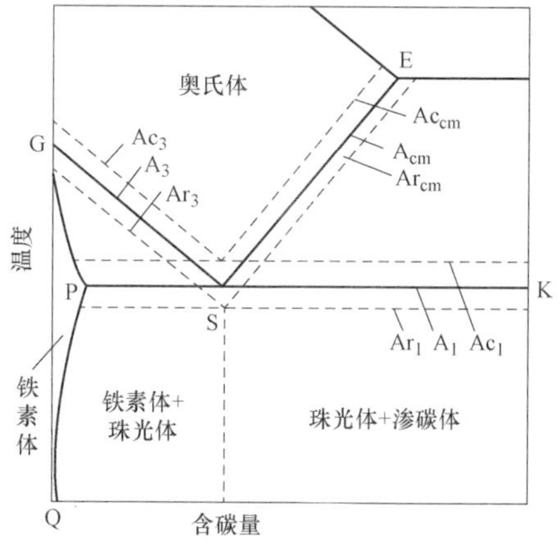

图 2–2　加热和冷却时 Fe–Fe_3C 相图上临界点位置

1. 加热时的转变

（1）奥氏体 A 的形成。

如图 2–2 所示，当低碳钢加热温度超过 A_{c1} 时，将发生珠光体 P 向奥氏体 A 的转变，继续加热时，剩余的铁素体将向奥氏体溶解，直至温度达到 A_{c3} 以上时全部溶解完，此时钢的组织为单一奥氏体 A。

初始形成的奥氏体其成分是不均匀的，即原来渗碳体存在的地方，碳的浓度比原来铁素体存在的地方高，因此在转变完成后必须有足够的保温时间使晶粒内的碳等合金成分扩散均匀。

由上述可知，钢在加热后之所以需要有保温时间，不仅仅是为了把工件中心达到与表面同样的温度，还为了获得成分均匀的奥氏体组织，以便在冷却后得到良好的组织与性能。

（2）影响奥氏体化的因素。

加热温度：温度升高，碳原子扩散能力增强，奥氏体转变速度加快。

钢中碳含量：含碳量增加，渗碳体数量增加，铁素体与其界面增加，有利于奥氏体形核转变。

钢原始组织：组织越细，界面越多，有利于奥氏体转变形成。

（3）控制奥氏体晶粒长大的措施。

组织晶粒粗大，钢的力学性能尤其是冲击韧性将显著降低，故应控制加热奥氏体化时奥氏体的晶粒长大。

合理选择加热温度和保温时间：随着温度和保温时间增加，奥氏体晶粒将明显长大。

加入合金元素：大多数合金元素都能够不同程度阻止奥氏体晶粒长大，尤其是与碳结合能力较强的铬、钨、钒、钛、锆等合金元素，由于形成难溶于奥氏体的碳化物并分布在晶界上，一者有益于成核形成更多更细的奥氏体晶粒，二者会阻碍奥氏体晶粒长大。而锰、磷两种元素则有加速奥氏体晶粒长大的倾向。

合理选择原始组织：片状渗碳体转变为奥氏体速度快、长大也快，故球化珠光体有利于控制阿斯特长大。

2. 冷却时奥氏体 A 的分解

同一化学成分的钢高温奥氏体化后，采用不同冷却方式进行冷却，由于过冷度不同，奥氏体转变产物的形态，分散度及性能都将存在较大差别。研究奥氏体转变过程的冷却方法有连续冷却和等温冷却两种。连续冷却与实际相近，但等温冷却的奥氏体转变易于测量。

（1）等温转变。

等温冷却试验方法：将温度 727℃以上，组织为均匀奥氏体的钢试样，急冷至 727℃以下的某一温度，然后保持这一温度不变，观察奥氏体开始转变到全部转变完成的时间，再将不同温度下奥氏体转变开始和结束的时间绘制成曲线，即得到奥氏体等温转变试验曲线，由于曲线形状像字母 C，所以又称 C 曲线图。

图 2–3 是共析钢的等温转变曲线，图中左边一条 C 形曲线是转变开始曲线，右边一条 C 形曲线是转变终了曲线。图中标明了在不同的温度区间发生转变，得到的不同组织，分别为珠光体，索氏体，屈氏体，上贝氏体和下贝氏体。图中下方有两条水平线，表明马氏体转变温度，其中 240℃的线表示马氏体转变开始温度，–50℃的线表示马氏体转变终了温度。Ms 与 Mf 两条水平线之间为马氏体和过冷奥氏体共存区。在不同温度下，过冷奥氏体开始转变前都存在孕育时间，等温转变 C 形曲线“鼻头”约为 550℃，在此温度过冷奥氏体最不稳定，孕育时间最短，极易转变分解。

由图 2–3 中可以查出任一温度下奥氏体等温转变的产物。例如，冷却到 727℃至 650℃区间的某一温度，保持这一温度直至转变完成，得到的组织为珠光体；

又例如，将试样急冷到 500℃，然后在这一温度上等温转变得到的组织是上贝氏体；而急冷到 240℃以下时，所有等温转变得到的组织将是马氏体组织。

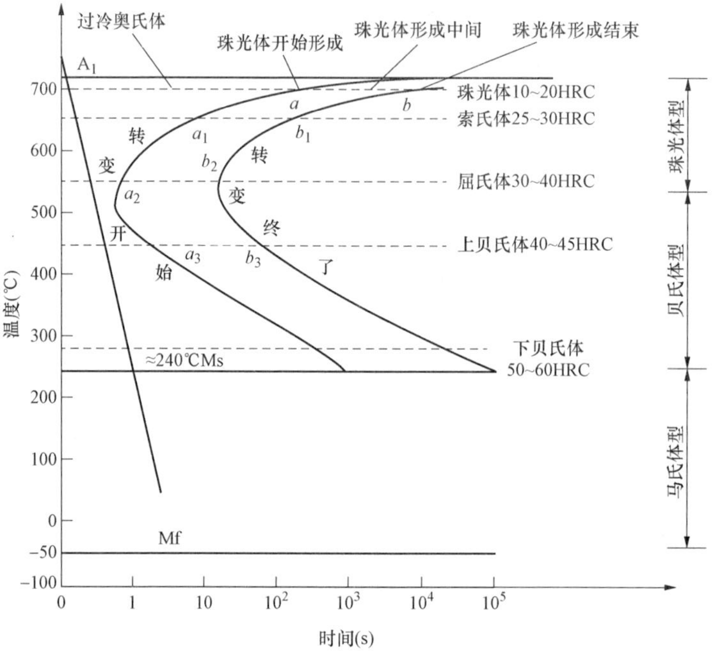

图 2–3　共析碳钢的奥氏体等温转变

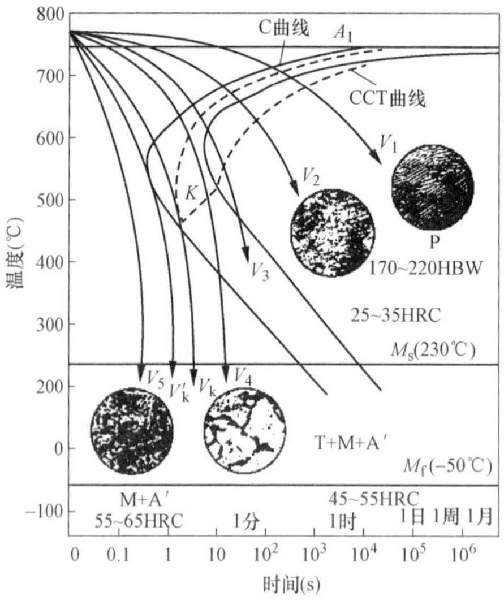

图 2–4　共析钢的连续冷速度对其组织与性能的影响

（2）连续冷却。

将连续冷却速度曲线描绘在等温转变 C 曲线图上，只要过冷度与等温转变对应，则所得到的组织与性能也是相对应的，根据其相交位置，就可以估计出连续冷却转变所得到的组织和性能。

图 2–4 为共析钢连续冷却组织转变示意图。如油冷 V_4，其冷却曲线与 C 曲线转变开始线相交，即与 Ms 线相交，表示先有一部分过冷奥氏体转变屈氏体 T 和贝氏体 B，剩余的过冷奥氏体转

变成马氏体 M，形成复合组织，硬度 45～55HRC。

2.2 钢中碳和合金元素对 C 曲线的影响

2.2.1 钢中碳元素对 C 曲线的影响

亚共析钢、共析钢及过共析钢 C 曲线比较如图 2–5 所示，与共析钢的 C 曲线相比，亚共析钢 C 曲线：① 在曲线鼻尖上部区域多一条铁素体析出线，奥氏体在转变为珠光体类组织之前，亚共析钢比共析钢多一个先析出铁素体的过程。② 亚共析钢 C 曲线的位置相对于共析钢的 C 曲线位置左移。这意味着前者等温转变所需时间较短，也意味着在连续冷却的条件下，如果冷却速度相同，亚共析钢的转变组织的塑性、韧性相对较好，硬度相对较低。

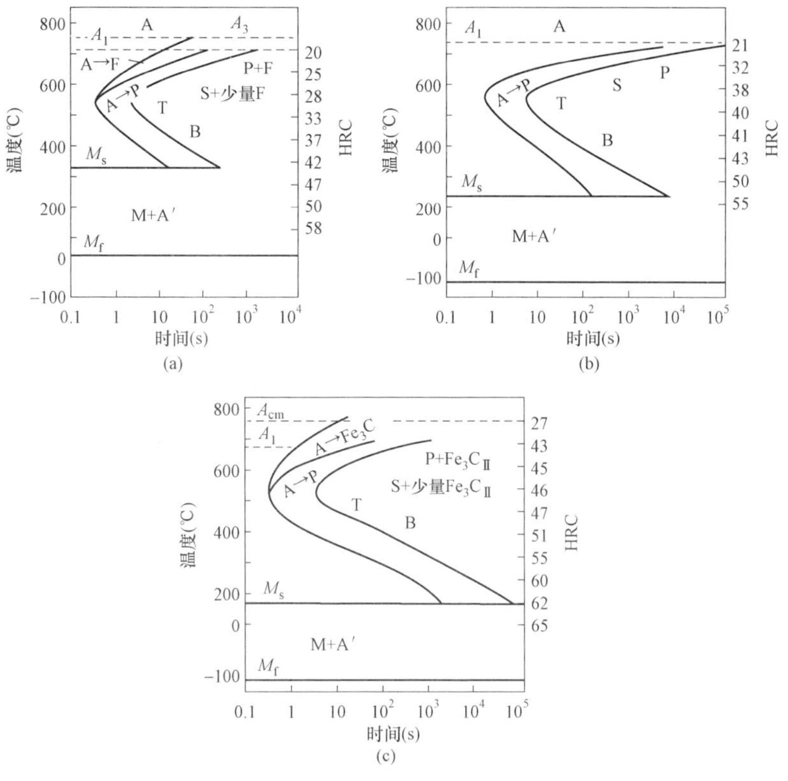

图 2–5 亚共析钢、共析钢及过共析钢 C 曲线比较

（a）亚共析钢；（b）共析钢；（c）过共析钢

2.2.2 合金元素对 C 曲线的影响

承压类特种设备使用的合金钢中加有锰、铬、钼、镍、钒等各种合金元素，会使 C 曲线图发生变化。如图 2–6 所示加入合金元素的 C 曲线变化情况。① 绝大多数合金元素能使 C 曲线的位置右移，使淬火临界冷却速度减小，有利于提高零件的淬透性；但低合金钢焊缝焊后自然冷却即可能出现淬硬现象是不利的。② 合金元素的加入能改变 C 曲线的形状。

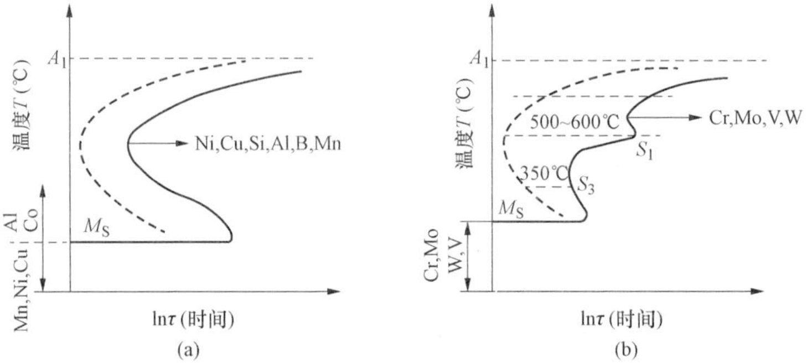

图 2–6 合金元素对奥氏体在冷却时转变曲线特性的影响

-----碳钢 ——合金钢

2.3 钢常见金相组织和性能

2.3.1 奥氏体 A［Feγ（C）］

奥氏体是碳和各种合金元素溶解在 γ–Fe 中形成的固溶体。

奥氏体无磁性，塑性很高，硬度和屈服点较低，布氏硬度值一般为 180～220HB，是钢中质量体积最小的组织；一般铁碳钢奥氏体只能够在高温存在，如加入足量的扩大 γ–Fe 相区的合金元素钢，可形成在常温及以下温度存在的奥氏体钢。奥氏体在 1148℃时可溶解碳为 2.11%，在 727℃时可溶解碳为 0.77%。奥氏体仍保持 γ–Fe 的面心立方晶格，在金相组织中呈现为规则的多边形。

2.3.2 铁素体 F［Feα（C）］

铁素体是碳与合金元素溶解在 α–Fe 中的固溶体。

铁索体性能接近纯铁，硬度低（约为 80～100HB），塑性好；固溶有合金元素的铁素体能提高钢的强度和硬度。在 727℃时，碳在铁素体中溶解为 0.0218%，在常温下含碳量为 0.008%。在 770℃以下具有铁磁性。铁索体仍然保持 α–Fe 的体心立方品格，在金相组织中具有典型纯金属的多面体金相特征。

2.3.3 渗碳体［Fe_3C］

渗碳体是铁和碳的化合物，又称碳化铁。渗碳体在低温下有弱磁性，高于 218℃磁性消失。渗碳体的熔化温度约为 1227℃，含碳量为 6.68%，硬度很高（约为＞800HB），脆性很大，塑性近乎零。常温下铁碳合金中碳大部分以渗碳体存在。

根据铁一碳平衡图，渗碳体可分为：

一次渗碳体是直接从液相中沿 CD 线结晶析出的，多沿树枝晶界析出，呈块状。

二次渗碳体是从奥氏体 A 中沿 ES 线析出的，多沿晶界白色网状出现。

三次渗碳体是铁素体 F 中沿 PQ 线析出的，多以白色网状出现。

还有存在于莱氏体中的共晶渗碳体和珠光体中的共析渗碳体，多呈片状。

2.3.4 珠光体 P

珠光体是含碳量为 0.77%奥氏体碳钢共析转变产物，为铁素体和渗碳体相间排列呈片层状组织的机械混合物；片层间距取决于奥氏体分解时的过冷度，过冷度越大形成的珠光体片间距越小；按片层间距大小，又可分为珠光体、索氏体和屈氏体。由于它们没有本质上区别，统称为珠光体。

片状珠光体，一般在 A1～650℃高温范围内形成，硬度约为 10～20HRC，片间距约 150～450nm，用一般金相显微镜（500 倍以下）能分辨 Fe_3C 片。

索氏体 S 是在 650～600℃温度范围内形成的，硬度约为 25～30HRC，片间距 80～150nm，用高倍显微镜放大 1000 倍才能分辨 Fe_3C 片。

屈氏体 T 是在 600～550℃范围形成的，硬度约为 40～45HRC，片间距 30～80nm，用电子显微镜放大 10 000 倍才能分辨 Fe_3C 片。

在一定热处理条件下（球化退火或高温回火），渗碳体以颗粒状分布于铁素体基底之上，即球化组织，亦叫粒状珠光体。

2.3.5 贝氏体 B

贝氏体是过冷奥氏体在中温区间（约 550℃～Ms）相变产生的，过饱和的铁素体和渗碳体混合物。

贝氏体形成的温度不同，组织特征也不相同。在 550～350℃温度区间形成的组织叫“上贝氏体”，硬度 40～45HRC，其特征为由晶粒边界开始向晶内同一方向平行排列的 α–Fe 片，片间夹着渗碳体颗粒，在金相组织中呈羽毛可对称或不对称，也称羽毛状贝氏体。在 350℃～Ms 附近形成的组织叫“下贝氏体”，在金相组织中呈黑针状。

上、下贝氏体只是形状和碳化物分布不同，没有质的区别；硬度 40～45HRC，上贝氏体冲击韧性较差，一般应避免生成；下贝氏体的性能优于上贝氏体，有时甚至优于回火马氏体。

2.3.6 马氏体 M

马氏体是碳溶于 α–Fe 的过饱和固溶体；当钢（高、中碳钢）奥氏体化后快速冷却至马氏体点以下时，由于钢中碳原子来不及扩散，γ–Fe 转变为 α–Fe 时保留了母相奥氏体的成分，因此，也把马氏体定义为奥氏体通过无扩散性相变的亚稳定相。

马氏体处于亚稳定状态，由于碳在 α–Fe 中过饱和，使 α–Fe 的体心立方晶格发生畸变形成了体心正方晶格。马氏体具有很高的硬度（约为 50～60HRC），很脆，冲击韧性低，断面收缩率和延伸率几乎近等于零。由于马氏体其比容大于奥氏体体，所以转变后体积会膨胀，钢中马氏体形成时产生很大的相变应力，这是导致变形开裂的主要原因。

马氏体在金相组织中，互成一定角度的白色针状结构。正常的淬火工艺下，获得的马氏体大部分为细针或隐针状；并非所有马氏体组织都是硬而脆的，例如含锰、铬、镍、钼等元素的低合金高强度钢经调质处理后的金相组织为回火低碳马氏体，这种回火低碳马氏体组织具有较高的强度和较好的韧性。

2.3.7 魏氏组织

亚（过）共析钢因过热而形成了粗晶奥氏体，在一定的过冷条件下，先共析铁素体 F（渗碳体 Fe_3C 除沿晶界析出外，还有一部分铁素体（渗碳体）从晶界伸向晶粒内部，或在晶粒内部独自呈针、片状析出，其与原奥氏体晶粒有着一定的位向关系，最后剩余奥氏体在片（针）之间的变为珠光体，将具有片（针）状铁素体（渗碳体）加珠光体组织的组织形态称为魏氏组织。前者称为铁素体魏氏组织，后者则称为渗碳体魏氏组织。

过热的亚（过）共析钢（碳含量＜0.6%或＞1.2%）在较快的冷却速度下容易产生魏氏组织；如铸、锻、轧或焊接过热区，因温度高或停留时间长时，晶粒往往粗大，空冷时最易出现魏氏组织，缓冷时则不易形成。魏氏组织是一种过热缺陷，由于其粗大的铁素体或渗碳体对基体的分割作用，魏氏组织严重时会使钢的冲击韧性、断面收缩率下降，使钢变脆，故一般不允许魏氏组织存在。一旦出现魏氏组织，可通过退火或正火加以消除。

2.3.8 带状组织

经热加工后低碳结构钢显微组织中，铁素体和珠光体沿加工方向平行成层分布的条带组织，叫带状组织。

带状组织使钢的机械性能呈各向异性，并降低钢的冲击韧性和断面收缩率。

2.4 特种设备常用热处理种类、工艺条件及其应用

为使金属工件具有所需要的力学性能、物理性能和化学性能，除合理选用材料和各种成形工艺外，热处理工艺往往是必不可少的。钢铁显微组织复杂，需要通过热处理予以控制，所以钢铁的热处理是金属热处理的主要内容。另外，铝、铜、镁、钛等及其合金也都可以通过热处理改变其力学、物理和化学性能，以获得不同的使用性能。

金属热处理工艺大体可分为整体热处理、表面热处理和化学热处理三大类。特种设备主要采用整体热处理方式，钢铁整体热处理大致有退火、正火、淬火和回火四种基本工艺；“四把火”其中的淬火与回火关系密切，常常配合使用，缺一不可；“四把火”随着加热温度和冷却方式的不同，又演变出不同的热处理工艺。如图 2–7 所示，为特种设备各种退火和回火工艺示意图。

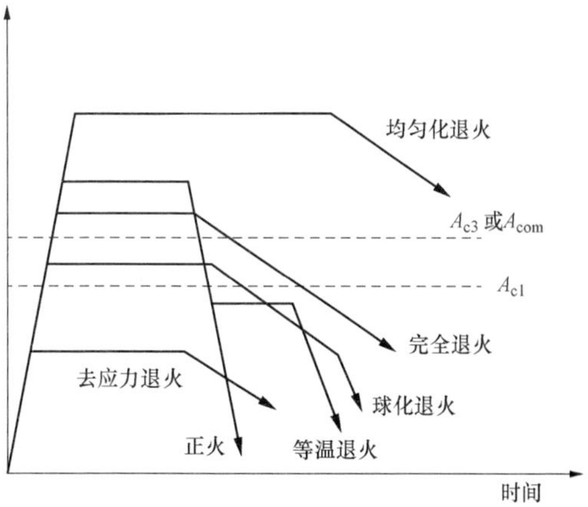

图 2–7 各种退火和正火的工艺示意图

2.4.1 退火

退火是将工件加热到适当温

度，根据材料和工件尺寸采用不同的保温时间，然后进行缓慢冷却，目的是使金属内部组织达到或接近平衡状态，获得良好的工艺性能和使用性能，或者为进一步淬火作组织准备。钢的退火工艺种类很多，根据加热温度可分为两大类：一类是在临界温度（A_{c1} 或 A_{c3}）以上的退火，又称为相变重结晶退火，包括完全退火、不完全退火、球化退火和扩散退火（均匀化退火）等；另一类是在临界温度以下的退火，包括再结晶退火及去应力退火等。按照冷却方式，退火可分为等温退火和连续冷却退火。

完全退火是将工件加热到 A_{c3} 以上 30～50℃，保温后在炉内缓慢冷却。其目的在于均匀组织，消除应力，降低硬度，改善切削加工性能。主要用于各种亚共析成分的碳钢和合金钢的铸、锻件，有时也用于焊接结构。完全退火的组织是接近相图的平衡组织。它不能用于过共析钢，因为加热 A_{cm} 以上并缓冷，二次渗碳体会议网状形式沿晶界析出，严重削弱晶粒间结合强度，使钢强度和韧性大大降低。

不完全退火是将工件加热到 A_{c1} 以上 30～50℃，保温后缓慢冷却的方法。其主要目的是降低硬度，改善切削加工性能，消除应力。这种处理应用于低合金钢，中、高碳钢的锻件和轧制件。

2.4.2 正火

正火指将钢材或钢件加热到 A_{c3}（亚共析钢）或 A_{cm}（过共析钢）以上 30～50℃保持适当时间后，在静止的空气中冷却的热处理的工艺。正火的目的与退火基本相同，主要是细化晶粒，均匀组织，降低应力；不同之处在于前者的冷却速度较快，过冷度较大，使组织中珠光体量增多，且珠光体片层厚度减小，且亚共析钢、过共析钢均可采用。钢正火后的强度、硬度、韧性都较退火为高。许多承压类特种设备用的低合金钢钢板是以正火状态供货的。超声波检测一些晶粒粗大的锻件时，会出现声能严重衰减，或出现大量草状回波，可通过正火使情况得到改善。

2.4.3 淬火

淬火指将钢件加热到 A_{c3}（亚共析钢）或 A_{c1}（过共析钢）以上 30～50℃温度，保持一定的时间，在水、油或其他无机盐、有机水溶液等淬火介质中快速冷却，获得马氏体（或贝氏体）组织的热处理工艺。淬火的目的：使钢件获得所需的马氏体组织，提高工件的硬度，强度和耐磨性，为后道热处理作好组织准备等。

材料通过淬火获得马氏体组织，可以提高其硬度和强度，这对于轴承、模具之类的工件是有益的。但马氏体硬而脆，韧性很差，内应力很大，容易产生裂纹。承压类特种设备材料和焊缝的组织中一般不希望出现马氏体。

2.4.4 回火

回火是将经过淬火的钢加热到 A_{c1} 以下的适当温度，保持一定时间，然后用符合要求的方法冷却（通常是空冷），以获得所需组织和性能的热处理工艺。回火的主要目的是消除钢在淬火时所产生的应力，改善组织，使钢件具有高的硬度和耐磨性外，并具有所需要的塑性和韧性等；通过调整回火温度，可获得不同硬度、强度和韧性，以满足所要求的力学性能；此外，回火还可稳定零件尺寸，改善加工性能。常见的回火工艺有：低温回火，中温回火，高温回火和多次回火等。

（1）低温回火（150～250℃）。

低温回火所得组织为回火马氏体。其目的是在保持淬火钢的高硬度和高耐磨性的前提下，降低其淬火内应力和脆性，以免使用时崩裂或过早损坏。它主要用于各种高碳的切削刃具，量具，冷冲模具，滚动轴承以及渗碳件等，回火后硬度一般为 HRC58～64。

（2）中温回火（250～500℃）。

中温回火所得组织为回火屈氏体。其目的是获得高的屈服强度，弹性极限和较高的韧性。因此，它主要用于各种弹簧和热作模具的处理，回火后硬度一般为 HRC35～50。

（3）高温回火（500～650℃）。

高温回火所得组织为回火索氏体。习惯上将淬火加高温回火相结合的热处理称为调质处理，其目的是获得强度，硬度和塑性，韧性都较好的综合机械性能。因此，广泛用于汽车，拖拉机，机床等的重要结构零件，如连杆，螺栓，齿轮及轴类。回火后硬度一般为 HB200～330。一些承压类特种设备用的低合金高强度钢板、锻件、螺栓等，也采用调质处理。

2.4.5 奥氏体不锈钢的固溶处理和稳定化处理

奥氏体不锈钢在经 450～850℃的温度范围内时，会有高铬碳化物析出，当铬含量降至耐腐蚀性界限之下，此时存在晶界贫铬，会产生晶间腐蚀裂纹。所以为防止奥氏体不锈钢晶间腐蚀倾向，承压类特种设备用奥氏体不锈钢一般应进行固溶热处理或稳定化处理。

铬镍奥氏体不锈钢加热到 1050～1100℃，保温一定时间（约 1h/25mm），让碳在此温度下充分固溶，然后快速冷却至 428℃以下（要求从 925～538℃冷却时间小于 3min），以获得均匀的奥氏体组织，这种方法称为固溶处理。这样处理的铬镍奥氏体不锈钢，可减少高铬碳化物析出，防止晶界贫铬，其强度和硬度较低而韧性较好，具有很高的耐腐蚀性和良好的高温性能。

对于含有钛或铌的铬镍奥氏体不锈钢，由于钛或铌的碳化物可优先于高铬碳化物形成，其固碳明显且稳定分散，所以在焊接等高温加工后冷却时，即使经过 450～850℃敏化温度区间也可避免沿晶界大量析出高铬碳化物，从而大大提高了抗晶间腐蚀的能力。为使钢中的碳全部固定在碳化钛或碳化铌中为目的的热处理称为稳定化处理。即将工件加热到 850～900℃，保温足够长的时间，使原有高铬碳化物充分溶解到奥氏体中，而同时充分让钛和铌与碳形成稳定的化合物，然后在空气中冷却，即使经过敏化温度时，也可大大减少高铬碳化物的形成析出。

2.5 消除应力退火处理目的和方法

对承压类特种设备来说，消除应力退火特别重要。承压类特种设备的消除应力退火处理主要是指焊后热处理（PWHT），也有在焊接过程中间和冷变形加工后为减少应力及冷作硬化而进行消除应力处理的。消除应力处理的加热温度一般是将工件加热到 A_{c1} 以下 100～200℃，根据材料合金元素含量不同而不同，对碳钢和低合金钢大致在 500～650℃，保温，然后缓慢冷却。

消除应力处理主要目的：

（1）消除焊接、弯曲等冷变形、铸锻造等加工时所产生的应力；

（2）使残留在焊缝中的氢较完全地扩散，从而提高焊缝的韧性及其抗裂性能；

（3）改善焊缝及热影响区的组织，稳定结构形状。

消除应力处理方法：可分整体焊后热处理和局部焊后热处理两大类，前者效果好于后者。整体焊后热处理又可分炉内整体热处理和内部加热整体热处理，后者是利用容器本身作为炉子或烟道，在其内部加热来完成热处理过程，通常用于大型容器的现场热处理，称为现场整体消除应力退火处理。局部焊后热处理常用的方法，有炉内分段热处理和圆周带状加热热处理。

复 习 题

1. 什么是钢的热处理？热处理一般包括哪几个过程？其目的是什么？
2. 什么叫 C 曲线？
3. 什么是消除应力退火？其目的是什么？
4. 什么是奥氏体不锈钢的晶间腐蚀？其防治方法是什么？
5. 什么是调质处理？调质处理后的组织性能特点是什么？
6. 什么是正火？其目的是什么？
7. 怎么进行不锈钢的固溶处理？
8. 影响热处理加热过程奥氏体化的因素有哪些？
9. 常见的钢热处理工艺有哪些？
10. 钢在热处理时有哪些组织变化？
11. 什么是奥氏体不锈钢的稳定化处理？其目的是什么？
12. 什么是回火？其目的是什么？
13. 退火怎么分类？

3

焊接基础知识

焊接在现代工业生产中是一种无处不在的技术手段，只要是金属材料构成的，无论是设备、装置还是建筑物，无论是军事装备、运载工具还是集成电路，都离不开这一永久连接方法。一般情况下，用焊接方法连接起来的部件或材料，能和材料原有性能一致。

3.1　焊接的应用及其优越性

焊接是通过适当的物理化学过程使两个分离的固态物体（工件）产生原子间结合力连接成一体的连接方法。被连接的两个物体可以是各种同类或不同类的金属、非金属（陶瓷、塑料等），也可以一种金属与另一种非金属。

目前工业生产中应用的焊接方法已达百余种。根据它们的焊接过程特点可分为：熔焊、压焊和钎焊三大类。

熔焊：将两被焊工件局部加热并熔化，以克服固体间阻碍结合的障碍，然后冷却形成接头的方法称为熔焊。熔焊分为气焊、电渣焊、电弧焊、电子束焊、激光焊、等离子焊等。电弧焊又分为焊条电弧焊、埋弧焊和气体保护焊。气体保护焊又分钨极氩弧焊和熔化极气体保护焊。

压焊：将两被焊工件在固态下通过加压（加热或不加热）措施，克服其表面的平度和氧化物等杂质的影响，使其分子或原子间距离接近到晶格之间的距离，从而形成不可拆连接接头的一类焊接方法。如电阻焊、摩擦焊、爆炸焊、超声波焊、冷压焊等。

钎焊：用某些熔点低于被连接材料熔点的金属（即钎料）作为连接的媒介利用钎料与母材间的扩散将两被焊工件连接在一起的焊接方法。如锡焊、铜焊、银焊等。

承压类特种设备制造大多采用的是熔焊，复合钢板采用的是压焊。

3.1.1 焊条电弧焊

1. 焊条电弧焊特点

焊条电弧焊是利用焊条与焊件之间建立起来的稳定燃烧的电弧，使焊条及部分焊件熔化，从而获得焊接接头的工艺方法，如图 3–1 所示。

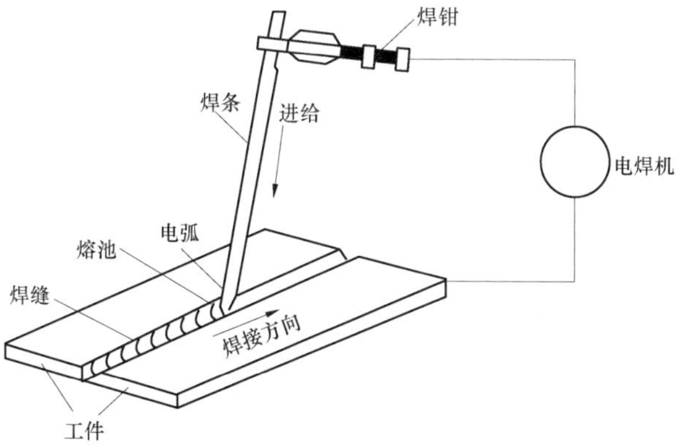

图 3–1 焊条电弧焊

（1）焊条电弧焊的优点。

1）使用的设备比较简单，价格相对便宜并且轻便。

2）不需要辅助气体防护。焊条不但能提供填充金属，而且在焊接过程中能够产生保护熔池和焊接处避免氧化的保护气体，并且具有较强的抗风能力。

3）操作灵活，适应性强。凡焊条能够达到的地方都能进行焊接。

4）应用范围广，适用于大多数工业用的金属和合金的焊接。不仅可以焊接碳素钢、低合金钢，而且还可以焊接高合金钢和有色金属；不仅可以焊接同种金属，而且可以焊接异种金属，还可以进行铸铁焊补和各种金属材料的堆焊等。

（2）焊条电弧焊的缺点。

1）对焊工操作技术要求高，焊工培训费用大。焊接质量在一定程度上决定于焊工操作技术，因此必须经常进行焊工培训，所需要的培训费用很大。

2）劳动条件差，焊工的劳动强度大，要加强劳动保护。

3）生产效率低。

4）不适于特殊金属以及薄板的焊接。对于活泼金属（如 Ti、Nb、Zr）等和难熔金属（如 Ta、Mo 等），由于这些金属对氧的污染非常敏感，焊条的保护作用不足以防止这些金属氧化，保护效果不够好，焊接质量达不到要求，所以不能采用焊条电弧焊；对于低熔点金属如 Pb、Sn、Zn 及其合金等，由于电弧的温度对其来讲太高，所以也不能采用焊条电弧焊焊接。另外，焊条电弧焊的工件厚度一般在 1.5mm 以上，1mm 以下的薄板不适于焊条电弧焊。

2. 焊条电弧焊设备

焊条电弧焊电源是一种利于焊接电弧产生的热量来熔化焊条和焊件的电器设备，在焊接过程中，焊接电弧的电阻值随着电弧长度的变化而变化，当电弧长度增加时，电阻越大，反之电阻越小。

（1）焊条电弧焊电源种类。可分为交流电源和直流电源两大类。交流电源有弧焊变压器；直流电源有弧焊整流器和弧焊逆变器。

（2）焊条电弧焊电源的选用原则。

1）根据焊条药皮分类选用焊机。当选用酸性焊条焊接低碳钢时，首先应该考虑选用交流弧焊变压器，如 BX1–160、BX2–125、BX3–400、BX6–400 等。

当选用低氢钠型焊条时，只能选用直流弧焊机反接法才能进行焊接，可以选用硅整流式弧焊整流器，如 ZXG–400 等；三相动圈式弧焊整流器，如 ZX3–400 等；晶闸管式弧焊整流器，如 ZX5–250 等。

2）根据焊接现场外接电源状况选用焊机。当焊接现场用电方便时，可以根据焊件的材质、焊件的重要程度选用交流弧焊变压器或各类弧焊整流器。当焊接为野外作业用电不方便时，应选用柴油机驱动直流弧焊发电机，如 AXC–400 等；或选用焊接工程车，如 AXH–200 等。特别适合野外长距离架设管道的焊接。

3）根据额定负载持续率下的额定焊接电流选用焊机。弧焊电源铭牌上所给出的额定焊接电流，是指在额定负载持续率下允许使用的最大焊接电流。

3. 焊条电弧焊焊条

涂有药皮的供焊条电弧焊用的熔化电极称为焊条。它由焊芯和药皮两部分组成。

（1）焊芯。焊条中被药皮包覆的金属芯称为焊芯。

1）焊芯的作用为：作为电极产生电弧。

2）焊芯在电弧的作用下熔化后，作为填充金属与熔化了的母材混合形成焊缝。

（2）药皮。涂敷在焊芯表面的有效成分称为药皮。焊条药皮的成分是矿石粉末和铁合金等。药皮的作用：

1）保护作用。焊条药皮熔化后产生大量的气体笼罩着电弧区和熔池，基本上能把熔化金属与空气隔绝开，保护熔融金属。熔渣冷却后，在高温焊缝表面上形成渣壳，可防止焊缝表面金属不被氧化和氮化，并减缓焊缝的冷却速度，改善焊缝成形。

2）冶金作用。通过熔渣和铁合金进行脱氧、去硫、去磷、去氢和渗合金等焊接冶金反应，可去除有害元素，增添有用元素，使焊缝具有良好的力学性能。

3）改善焊接工艺性能。药皮可保证电弧容易引燃并稳定地连续燃烧；同时减少飞溅，改善熔滴过度和焊缝成型等。

4）渗合金。焊条药皮中含有的合金元素熔化后过渡到熔池中，可改善焊缝金属的力学性能。

（3）焊条的种类。

1）焊条根据用途可分为：碳钢焊条、低合金钢焊条、不锈钢焊条、铬和铬钼耐热钢焊条、低温钢焊条、堆焊焊条、铝及铝合金焊条、镍及镍合金焊条、铜及铜合金焊条、铸铁焊条和特殊用途焊条等。

2）按焊条药皮熔化后所形成熔渣的酸碱性不同可分为：碱性焊条（熔渣碱度＞1.5）和酸性焊条（熔渣碱度＜1.5）两大类。

酸性焊条药皮氧化性较强，施焊时药皮中合金元素烧损较大，焊缝金属的氧氮含量较高，故焊缝金属的力学性能（特别是冲击韧性）较低；酸性渣难于脱硫脱磷，因而焊条的抗裂性较差；酸性渣较黏，在冷却过程中渣的黏度增加缓慢，称为“长渣”。但焊条工艺性能良好，成形美观，特别是对锈、油、水分等的敏感度不大，抗气孔能力强。酸性焊条广泛地用于一般结构的焊接。

碱性焊条药皮含有碱性造渣物，并含有较多的铁合金作为脱氧剂和渗合金剂，使焊条有足够的脱氧能力。碱性渣流动性好，在冷却过程中渣的黏度增加很快，称为“短渣”。碱性焊条的最大特点是焊缝金属中含氢量低，所以也叫“低氢焊条”。碱性焊条药皮中的某些成分能有效地脱硫脱磷，故其抗裂性能良好，焊缝金属的力学性能，特别是冲击韧性较高。碱性焊条多用于焊接重要结构焊接。碱性焊条的缺点是对锈、油、水分较敏感，容易在焊缝中产生气孔缺陷；电弧稳定性差，一般只用于直流电源施焊；在深坡口中施焊时，脱渣性不好；发尘量较大，焊接中需要加强通风，注意保健。

4. 焊条电弧焊焊接工艺参数

焊条电弧焊的主要焊接参数包括焊接电流、电弧电压、焊条种类和直径、焊接电源种类和极性、焊接速度、焊接层数等。

（1）焊接电流。焊接电流是影响焊接质量和生产率的主要因素之一。增大电流，可增大焊缝熔深，提高生产率，但电流过大，会使焊条芯过热，药皮脱落，又会造成咬边、烧穿、焊瘤等缺陷，同时金属组织也会因过热而发生变化；若电流过小，则容易造成未焊透、夹渣等缺陷。

因此选择焊接电流，应根据焊条直径、焊条类型、焊件厚度、接头形式、焊接位置及焊道层次来综合考虑。首先应保证焊接质量，其次应尽量采用较大的电流，以提高生产效率。T 型接头和搭接头，在施焊环境温度较低时，由于导热较快，所以焊接电流要大一些。但主要由焊条直径、焊接位置、焊道层次等因素来决定。

（2）电弧电压。电弧电压主要影响焊缝熔化宽度，电压越高，熔化宽度越大。手工电弧焊时电弧不宜过长，因而电弧电压不高，变化范围也不大，一般为 20～25V。

（3）焊条直径。焊条直径主要根据被焊工件的厚度来选择，工件越薄，所用焊条越细；工件越厚，所用焊条越粗。平焊时，可选用较粗的焊条以提高生产率；对多层焊的第一层焊道，应使用小直径焊条，以保证根部焊透，以后各层可根据工件厚度而选用较粗的焊条。

（4）焊接速度。焊条电弧焊的焊接速度是指焊接过程中焊条沿焊接方向移动的速度，即单位时间内完成的焊缝长度。焊接速度过快会造成焊缝变窄，严重凸凹不平，容易产生咬边及焊缝波形变尖，易造成未焊透、未熔合、焊缝成型不良好等缺陷；焊接速度过慢会使焊缝变宽，余高增加，功效降低，焊接速度还直接决定着热输入量的大小，速度过慢，热影响区加宽、晶粒粗大、变形也大。一般焊接速度不超过 10m/h。

（5）焊接层数。厚件焊接一般要开坡口并采用多层焊或多层多道焊。多层多道焊接头的热影响区窄；前一条焊道对后一条焊道起预热作用，而后一条焊道对前一条焊道起热处理作用，可改善接头组织和性能，接头的延性和韧性都比较好。对于低合金高强钢，焊缝层数少，每层焊缝厚度太大时，由于晶粒粗化，将导致焊接接头的延性和韧性下降。

5. 焊条电弧焊的焊接位置

焊条电弧焊可以在不同的位置进行操作。熔焊时，焊接接头所处的空间位置称为焊接位置，GB/T 3375《焊接术语》中用倾角和转角两个参数来划分不同的焊接位置。其中平焊位置，立焊位置，横焊位置，仰焊位置是四种基本焊接位置，图 3–2 为对接焊缝和角焊缝的四种基本焊接位置的示意图。共列出了 8 种焊接位置，在这 8 种位置所进行的焊接分别称为：平焊、立焊、横焊、仰焊、平角焊、立角焊、仰角焊。

管子环焊缝的焊接位置也有 4 种基本形式，即水平转动，垂直固定，水平固定，45° 位置（图 3-3）。

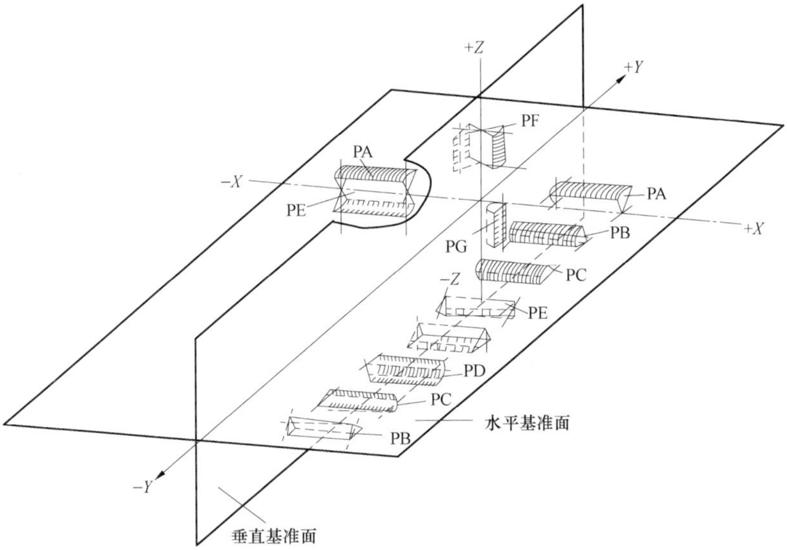

图 3-2　常用焊接位置

PA—平焊位置；PB—平角焊位置；PC—横焊位置；PD—仰角焊位置；

PE—仰焊位置；PF—立焊位置；PG—立角焊位置

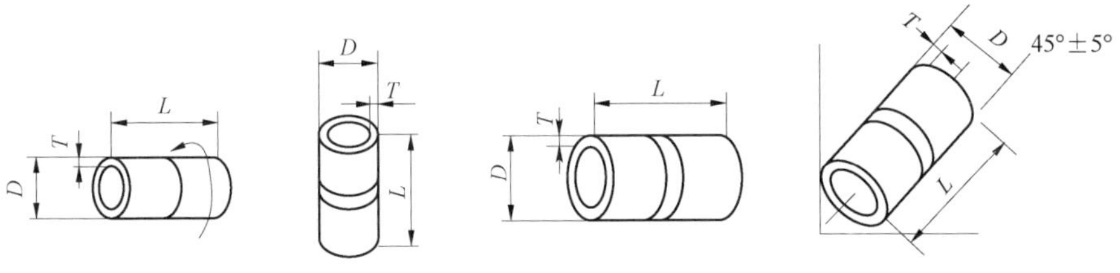

(a)　(b)　(c)　(d)

图 3-3　管状坡口对接焊缝试件

（a）水平转动—F；（b）垂直固定—H；（c）水平固定—A；（d）45° 全位置 Ai 焊

焊缝外观成形与内部缺陷的发生与焊接位置、焊接规范以及焊工的操作手法有关，因此，掌握上述内容对无损检测人员来说是非常重要的。

3.1.2　埋弧焊

1. 埋弧焊的特点

埋弧焊发明于 1930 年。目前埋弧焊已成为最常用的优质、高效的焊接方法之一。它利用在焊剂层下燃烧的电弧热量，熔化焊丝、焊剂和母材金属而形成焊缝。

其中颗粒状焊剂对电弧和焊接区起保护作用，填充金属可采用实芯和药芯焊丝。

埋弧焊的基本原理如图 3–4 所示。其焊接过程是：焊接电弧 1 是在焊剂 3 层下的焊丝 4 与母材 2 之间产生，电弧热使其周围的母材、焊丝和焊剂熔化以致部分蒸发，金属和焊剂的蒸发气体形成一个气泡，电弧就在这个气泡内燃烧。气泡的上部被一层熔化了的焊剂和熔渣 7 构成的外膜所包围，这层外膜以及覆盖在上面的未熔化焊剂共同对焊接起隔离空气、绝热和屏蔽光辐射作用。焊丝熔化的熔滴落杆与已局部熔化的母材混合而构成金属熔池 8，部分熔渣因密度小而浮在熔池表面。随着焊丝向前移动，电弧力将熔池中熔化金属推向熔池后方，在随后的冷却过程中，这部分熔化金属凝固成焊缝 10。熔渣凝固成渣壳 9，覆盖在焊缝金属表面上。在焊接过程中，熔渣除了对溶池和焊缝金属起机械保护作用外，还与熔化金属发生冶金反应（如脱氧、去杂质、渗合金等），从而影响焊缝金属的化学成分。

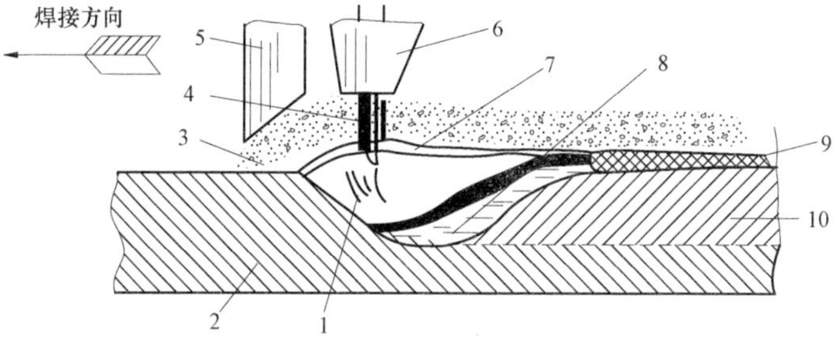

图 3–4　埋弧自动焊

1—电弧；2—母材；3—焊剂；4—焊丝；5—焊剂漏斗；6—导电嘴；7—熔渣；8—熔池；9—渣壳；10—焊缝

与焊条电弧焊相比，埋弧自动焊有下列优点：

（1）生产率高、成本低。埋弧焊电流比手弧焊高 6～8 倍，生产率比手弧焊高 5～10 倍。同时，由于埋弧焊熔深大，可以不开或少开坡口，省工省料，且焊丝利用率高，焊剂用量少，降低了焊接成本。

（2）焊接质量好，而且稳定。自动焊焊剂供给充足，保护效果好，冶金过程完善，焊接工艺参数稳定，对操作者技术要求低，焊缝成形美观。

（3）改善了劳动条件。没有弧光，没有飞溅，烟雾也很少，劳动强度较轻。

埋弧自动焊的局限性是，焊接设备占地面积大，设备一次性投入费用较高；由于电弧不可见，因而对接头加工与装配要求严格；焊接位置受到一定限制，一般只能在平焊、横焊及与水平面倾斜度不大于 15^0 位置进行焊接。

2. 埋弧焊的焊丝与焊剂

焊丝除了作电极和填充材料外，还可以起到渗合金、脱氧、去硫等冶金处理作用。焊剂的作用相当于焊条药皮，分为熔炼焊剂和非熔炼焊剂两类，非熔炼焊剂又可分为烧结焊剂和黏结焊剂两种。熔炼焊剂主要起保护作用；非熔炼焊剂除起保护作用外，还有冶金处理作用。焊剂容易吸潮，使用前要按要求烘干。

焊丝和焊剂要合理匹配，保证焊缝金属化学成分和性能。

3.1.3 钨极氩弧焊 TIG

氩弧焊是氩气保护焊的简称。氩气是惰性气体，在高温下不和金属起化学反应，也不溶于金属，可以保护电弧区的熔池、焊缝和电极不受空气的有害作用，是一种较理想的保护气体。氩气电离势高，引弧较困难，但一经引燃就很稳定。氩弧焊分钨极（不熔化极）氩弧焊和熔化极（金属极）氩弧焊两种，如图 3–5 所示。

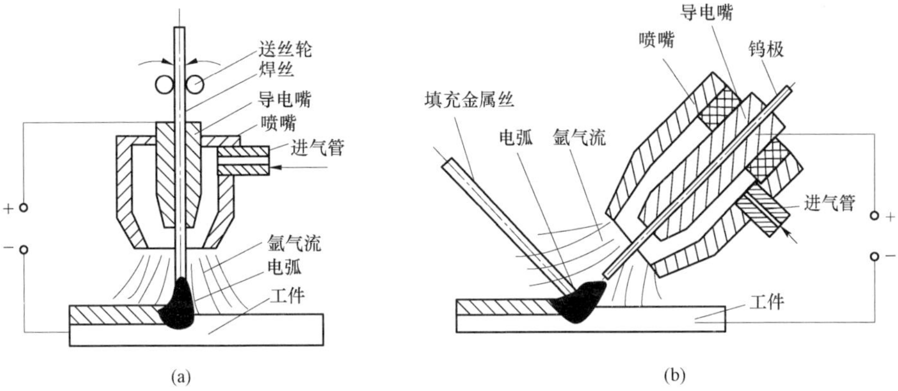

图 3–5 氩弧焊

（a）熔化极；（b）钨极

钨极氩弧焊电极常用钨极和铈钨极两种。焊接时，电极不熔化，只起导电和产生电弧的作用。钨极为阴极时，发热量小，钨极烧损小。钨极作为阳极时，发热量大，钨极烧损严重，电弧不稳定，焊缝易产生夹钨。因此，一般钨极氢弧焊不采用直流反接。手工钨极氩弧焊是常用的一种焊接方法。手工钨极氩弧焊需加填充金属，也可以在接头中附加金属条或采用卷边接头。填充金属有的可采用与母材相同的金属，有的需要加一些合金元素，进行冶金处理，以防止气孔等缺陷。

熔化极氩弧焊以连续送进的焊丝作为电极，与埋弧自动焊相似，分为自动熔化极氩弧焊和半自动熔化极氩弧焊两种。

氩弧焊的特点有以下几点：

（1）机械保护效果很好，焊缝金属纯净，成形美观，质量优良。

（2）电弧稳定，特别是小电流时也很稳定。因此，熔池温度容易控制，做到单面焊双面成形。尤其现在普遍利用脉冲氩弧焊，更容易保证焊透和焊缝成形。

（3）采用气体保护，电弧可见（称为明弧），易于实现全位置自动焊接。制造工业中应用的焊接机器人，一般采用氩弧焊、CO_2 保护焊或其他活性气体保护焊（MAG 焊）。

（4）电弧在气流压缩下燃烧，热量集中，熔池小，焊速快，热影响区小，焊接变形小。

（5）氩气价格较高，因此成本较高。

氩弧焊适用于焊接易氧化的有色金属和合金钢，如铝、钛和不锈钢等；适用于单面焊双面成形，如打底焊和管子焊接。钨极氩弧焊，尤其是脉冲钨极氩弧焊，还适用于薄板焊接。

3.1.4 熔化极气体保护焊

熔化极气体保护焊按气体的种类，分为熔化极惰性气体（氩气）保护焊（MIG）和熔化极活性气体（CO_2）保护焊（MAG）。它是采用气体作为保护介质，利用焊丝与焊件之间建立的电弧熔化焊丝和母材，形成金属熔池，连接被焊工件的焊接方法，如图 3–6 所示。

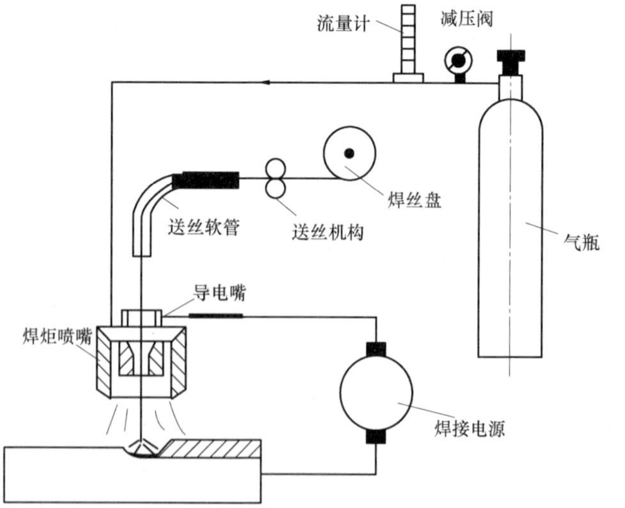

图 3–6　熔化极气体保护焊

1. MIG/MAG 的主要工艺特点及优点

MIG/MAG 焊与埋弧焊相似，以连续送丝的方法完成焊接过程，便于实现机械化和自动化。与埋弧焊不同的是通常采用小直径的焊丝，改善了工艺适用性，同时提高了焊丝的电流密度和熔敷速度。

MIG/MAG 焊还是一种低氢的焊接方法，焊缝金属的氢含量相对较低。因此，其适用于对冷裂纹敏感的低合金钢的焊接。

与其他弧焊方法相比 MIG/MAG 焊具有如下优点：

（1）与焊条电弧焊相比，焊接效率可提高 2～3 倍，高效的 MAG 的焊接效率甚至可提高 4～5 倍。

（2）MIG/MAG 焊可以采用直径很细的焊丝（0.6mm），焊接熔池体积较小，且易于控制。它不仅可焊接薄壁焊件，而且适用于全位置的焊接。

（3）焊接热输入低、焊接速度高、焊接变形小，可减少焊后校正的工作量。

（4）对接头装配间隙的搭接性好，可适应装配质量较差的封底焊道的焊接。

（5）焊材利用率高，能量消耗低，是一种低成本的焊接方法。

2. MIG/MAG 焊的缺点

对焊接设备的技术要求较高；焊接过程飞溅较大；气体保护易受外来气流的影响；焊接工艺参数之间的匹配关系较严格。

采用较大电流焊接时，飞溅较大，烟雾较多，弧光强，焊缝表面成形不够光滑美观。控制或操作不当时，容易产生气孔。焊接设备比较复杂。二氧化碳气体保护焊在承压类特种设备制造中可用于焊接低碳钢、低合金钢结构。

3. CO_2 气体保护焊的特点

以 CO_2 气体作为保护气体的电弧焊接方法叫 CO_2 气体保护焊，是 MAG 焊的一种。由于二氧化碳与惰性气体不同，它属活性气体，本身是氧化性气体，在高温下可以将金属元素氧化；而且，在电弧高温下，二氧化碳会分解成一氧化碳和原子态的氧，这些原子态的氧更易使铁及其他合金元素氧化、烧损，从而降低焊缝的合金含量及力学性能。生成的氧化锰、二氧化硅等构成浮渣浮在熔池表面，反应产生的大量一氧化碳，在熔池冷却过程中来不及全部析出而形成很多气孔。

CO_2 气体保护焊的特点如下：

（1）成本低。CO_2 气体比较便宜，焊接成本仅是埋弧自动焊和手弧焊的 40%左右。

（2）生产率高。焊丝送进自动化，电流密度大，电弧热量集中，所以焊接速度快。焊后没有熔渣，不需清渣，比手弧焊提高生产率 1～3 倍。

（3）操作性能好。保护焊电弧是明弧，可清楚看到焊接过程。像手弧焊一样适合全位置焊接。

（4）焊接质量比较好。CO_2 保护焊焊缝含氢量低，采用合金钢焊丝，易于保证焊缝性能。电弧在气流压缩下燃烧，热量集中，热影响区较小，变形和开裂倾向也小。

（5）焊缝成形差，飞溅大。烟雾较大，控制不当易产生气孔。

（6）设备使用和维修不便。送丝机构容易出故障，需要经常维修。

因此，CO_2 气体保护焊适用于低碳钢和强度级别不高的普通低合金钢焊接，主要焊接薄板。单件小批生产和不规则焊缝采用半自动 CO_2 气体保护焊，大批生产和长直焊缝可用自动化 CO_2 混合气体保护焊。

3.1.5　等离子弧焊

等离子弧焊是在钨极氩弧焊的基础上发展起来的一种焊接方法，如图 3–7 所示。钨极缩入焊枪的喷嘴内部，强制电弧从缩小了的喷嘴孔道通过，即利用压缩喷嘴使自由电弧的弧柱受到强化压缩，弧柱中的气体就完全电离，产生温度比自由电弧高得多的、电离了的等离子气电弧。可用来切割和焊接各种金属。等离子弧焊接的特点如下：

（1）弧柱温度高，能量密度大，一次焊透厚度大，焊接生产率高；焊缝截面形状较窄，热影响区窄，变形小。采用小孔效应焊接 10～12mm 厚度的工件，可以不开坡口，单面焊双面成形。

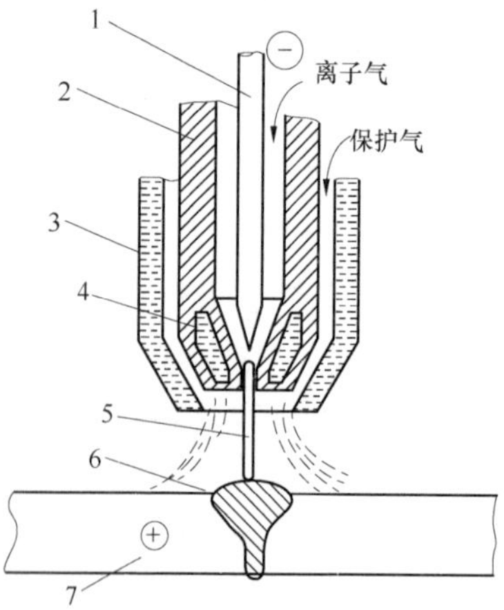

图 3–7　等离子弧焊

1—钨极；2—压缩喷嘴；3—保护罩；4—冷却水；5—等离子弧；6—焊缝；7—母材

（2）小电流焊时（0.1A），工作电弧仍稳定，可焊箔材、超薄构件。

（3）等离子弧柱挺直度好，熔池形状稳定且有氩气（或氮气）保护，焊缝形成好，焊接质量高。

因此，等离子弧焊日益广泛地应用于航空航天等尖端技术所用的铜合金、钛合金、合金钢、钼、钴等金属的焊接，如钛合金导弹壳体、波纹管及膜盒、微型继电器、飞机上的薄壁容器等。民用如锅炉管子的焊接等工业采用等离子弧焊可提高质量。

3.1.6 电渣焊

电渣焊是利用电流通过液态熔渣产生的电阻热加热熔化母材和电极（填充金属）的焊接方法。可分为丝极电渣焊、熔嘴电渣焊和带极电渣焊三种。电渣焊有以下特点：

（1）适合焊接厚件，生产率高，成本低。用铸焊、锻焊结构拼成大件，以代替巨大的铸造或锻造整体结构，改变了重型机器制造工艺过程，节省了大量的金属材料和设备投资。另外，40mm 以上厚度的工件可不开坡口，节省了加工工时和焊接材料。

（2）焊缝金属比较纯净。电渣焊机械保护好，空气不易进入，熔池存在时间长，低熔点夹杂物和气体容易排出。

电渣焊适用于板厚 40mm 以上工件的焊接。单丝摆动焊件厚度为 60～150mm；三丝摆动可焊接厚度达 450mm。一般用于直缝焊接，也可用于环缝焊接。

3.2 焊接接头

3.2.1 常见的焊接接头形式、分类及特点

焊接接头通常分为对接接头、搭接接头、角接接头及 T 字接头等，见图 3–8。每种接头形式下又有不同的坡口形式。

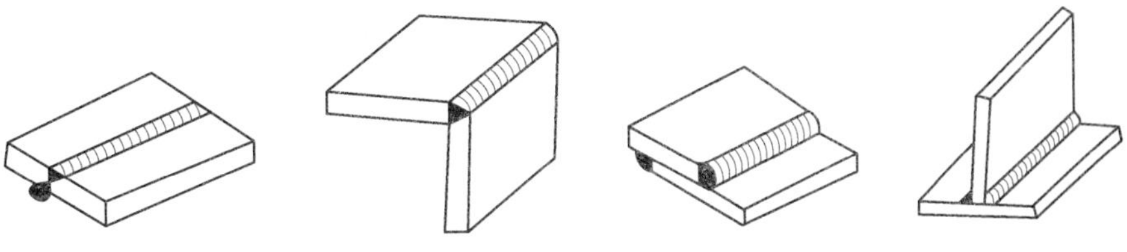

(a) (b) (c) (d)

图 3–8 焊接接头的基本形式

（a）对接接头；（b）角接接头；（c）搭接接头；（d）T 形接头

为保证特种设备的焊缝全部焊透又无缺陷，当板厚超过一定厚度时，应将钢板开设坡口，其作用：

（1）使焊条、焊丝、焊炬伸入坡口底部，保证焊透。

（2）便于脱渣。

（3）便于摆动，实现良好熔合。

（4）坡口根部的钝边是为了防止烧穿。

坡口的基本形式和尺寸已经标准化。无特殊要求均按 GB/T 985。

1. 对接接头

将两金属件放置于同一平面内（或曲面内）使其边缘相对，沿边缘直线（或曲线）进行焊接的接头叫对接接头。

对接接头是最常见、最合理的接头形式，对接接头处结构基本上是连续的，承载后应力分布比较均匀。在焊接接头设计中，应尽量采用对接接头。但对接接头也有一定程度的应力集中，如在焊缝两面的余高或低陷和基本金属与焊缝过渡处造成应力集中。一般不允许焊缝表面低陷，焊缝余高也有限制。

如图 3–9 所示，对接接头的坡口形式可分为不开坡口、V 形坡口、X 形坡口、单 U 形坡口及双 U 形坡口等。

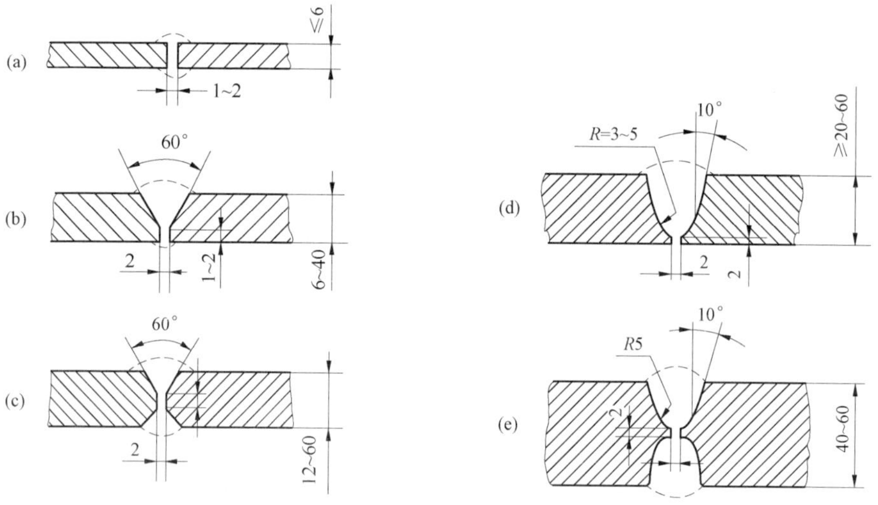

图 3–9　坡口基本形状

（a）I 形坡口；（b）V 形坡口；（c）X 形坡口；（d）U 形坡口；（e）双 U 形坡口

焊条电弧焊构件厚度在 3mm 以下，埋弧自焊构件厚度在 14mm 以下时，都可以不开坡口，直接施焊。对同厚度焊件，采用 V 形坡口比采用 X 形坡口多耗费近 1 倍的内焊条或焊丝，另外，由于不对称，焊后常造成较大角变形。但对如不便两侧焊接的如管子对接焊口，一般用 V 形坡口。U 形坡口或双 U 形坡口焊条或焊丝消耗量较 V 形或 X 形坡口为少，但 U 形及双 U 形坡口加工比较复杂，一般在较重要构件及厚度较大构件中采用。

2. 搭接接头

两块板料相叠，而在端部或侧面角焊的接头称搭接接头。搭接接头不需要开坡口即可施焊，对装配要求也低，如图 3–8c 所示。搭接接头处结构明显不连续，承载后接头部位受力情况比较复杂，会产生附加的剪力及弯矩，应力集中也比对接接头严重，因而较少采用。

3. 角接接头及 T 字接头

两构件成直角或一定角度，而在其连接边缘焊接的接头称角接接头。两构件成 T 字形焊接在一起的接头，叫 T 字接头。角接接头和 T 字接头都形成角焊缝，形式相近，常用于承压类特种设备接管、法兰、夹套、管板、管子、凸缘等的焊接。

角接接头及 T 字接头，在接头处的构件结构是不连续的，承载后应力分布比较复杂，应力集中比较严重。单面焊的角接接头及 T 字接头承受反向弯矩的能力极低，应当避免采用。一般承压类特种设备用角接接头及 T 字接头都应开坡口双面施焊，或者开坡口单面施焊保证焊透。

3.2.2 焊接接头组成

如图 3–10 所示，焊接接头由三部分组成，即焊缝区（OA）、熔合区（AB）和热影响区（BC）。

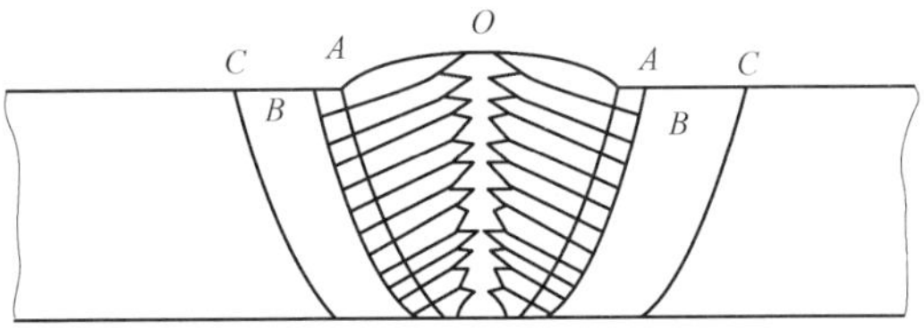

图 3–10 焊接接头示意图

1. 焊缝

焊缝是焊件经焊接后形成的结合部分。通常由熔化的母材和焊材组成，有时全部由熔化的母材组成。

2. 熔合区

熔合区是焊接接头中焊缝与母材交接的过渡的区域。它是刚好加热到熔点与凝固温度区间的部分。

3. 热影响区

焊接热影响区是焊接过程中，材料因受热的影响（但未熔化）而发生金相组织和机械性能变化的区域。

3.2.3 焊接接头薄弱部位

焊缝金属是从高温液态冷却至常温固态，这期间经历了两次结晶过程，即从液相转变为固相的一次结晶过程和在固相状态下发生组织转变的二次结晶过程。

一次结晶最先发生在熔池中温度最低的熔合线部位，随着熔池温度的降低，晶体逐渐长大；在长大过程中，由于相邻晶体的阻碍，晶体只能向熔池中心生长，从而形成柱状晶；当柱状晶体长大至相互接触时，一次结晶过程即结束。一次结晶过程中，由于冷却速度快，焊缝金属元素来不及扩散，会产生化学成分分布不均匀现象，这种现象称为偏析。偏析有可能使焊缝力学性能和耐腐蚀性能不均匀，还有可能产生缺陷，例如热裂纹的产生便与偏析有关。

二次结晶的组织和性能，与焊缝的化学成分、冷却速度及焊后热处理有关。低碳钢和低合金钢在平衡状态下的二次结晶组织是铁素体加少量珠光体，随着冷却速度的加快，珠光体含量增多、铁素体减少、焊缝的强度和硬度有所提高，而塑性、韧性则下降。含合金元素较少（铬＜5%）的耐热钢，在焊前预热、焊后缓冷条件下得到珠光体和部分淬硬组织；高温回火后可得到完全的珠光体组织。

1. 焊缝区组织、性能特点

焊缝区是焊件接头金属及填充金属熔化后，又以较快的速度冷却凝固后形成的。焊缝组织是由液态金属结晶的铸态组织，晶粒粗大，成分偏析，组织不致密。但是，由于焊缝熔池小，冷却快，化学成分控制严格。碳、硫、磷的含量都较低，还通过渗合金调整焊缝化学成分，使其含有一定的合金元素，因此，焊缝金属的性能问题不大，可以满足性能要求，特别是强度容易达到要求。

焊缝区缺陷：

（1）铸造缺陷：气孔、夹渣、偏析、晶粒粗大等缺陷，导致焊缝的韧性、塑性比母材差。

（2）焊缝中的夹杂：焊缝中易生成氧化物和硫化物等颗粒，由于结晶过程凝固速度较快，来不及浮出而残存于焊缝内部，对焊缝危害较大。

（3）焊缝中的偏析：化学成分不均匀。

（4）焊缝中的杂质元素：硫和磷易促成热裂纹。

一般情况下，等强度焊接材料焊接的焊缝金属强度大于母材强度，特别是低强度钢焊缝金属的屈服强度明显高于母材；但伸长率（塑性）和韧性却明显低于母材，特别是低温韧性。

2. 熔合区组织、性能特点

熔合区是母材到焊缝的过渡区，它包括未混合熔化区与半熔化区。实际熔合线位于未混合熔化区与半熔化区之间，它是焊接热影响区与焊缝的边界线，如图3–11 所示。熔合区的温度处于固相线和液相线之间，温度梯度很大，该区很窄，金属处于部分熔化状态，晶粒十分粗大，化学成分和组织极不均匀，冷却后的组织为过热组织。由于熔合区产生过热组织，晶粒粗大或产生不利的组织带，使该区的塑性、韧性下降，性能恶化，成为焊接接头中的薄弱地带，这往往是产生脆断和焊接裂纹的根源。

熔合区性能下降的主要原因是由于这个地区存在着严重的化学不均匀性。对于绝大多数钢材而言，同一合金元素在液相中的溶解度大于其在固相中的溶解度，熔合区是固液两相的交界处，溶质原子会从固相向液相扩散，在焊接条件下，这个过程尽管十分短促，但在熔合区元素的扩散转移是十分激烈的，特别是硫、磷、碳、硼、氧和氮等有害元素的聚集会进一步降低熔合区组织性能。

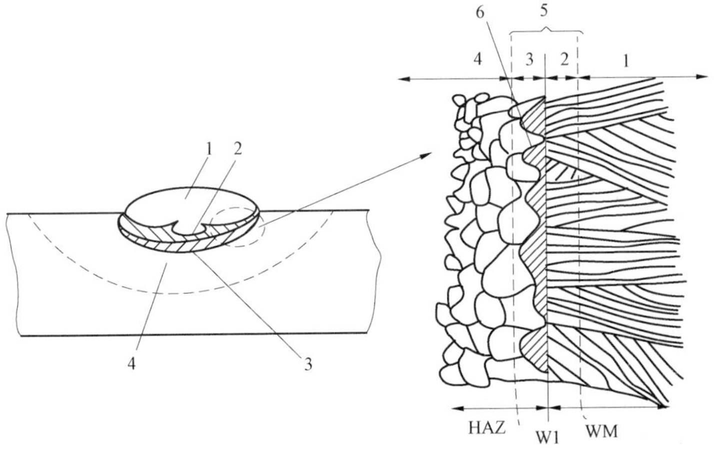

图 3–11 熔合区结构示意图

1—以熔敷金属为主的焊缝区；2—以母材为主的焊缝区；3—半熔比区；4—真正的熔合区；5—定义的熔合区；6—实际熔合线

3. 热影响区组织、性能特点

焊接热影响区是焊接过程中，材料因受热的影响（但未熔化）而发生金相组织和机械性能变化的区域。热影响区中存在的缺陷包括热影响区硬化、脆化及软化等问题。

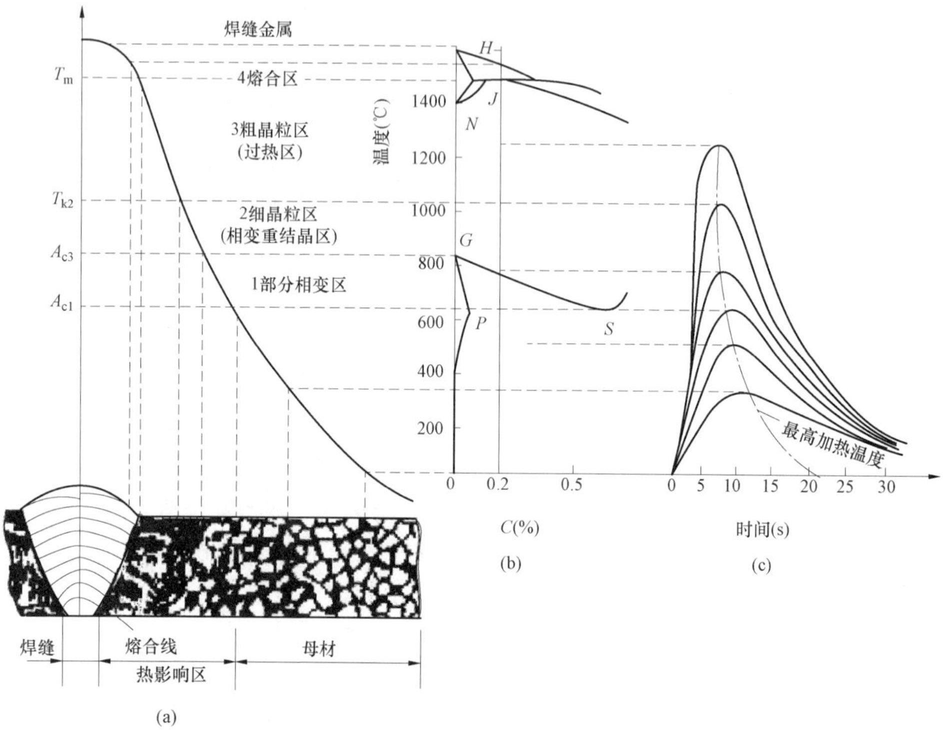

图 3–12 焊接热影响区及铁–碳合金相图的关系

（a）热影响区各部分组织示意图；（b）铁–碳相图低温部分；（c）焊接热循环曲线

低碳钢热影响有以下几个区域如图 3–12 所示。

过热区（粗晶区）：此区的温度范围在固相线以下到 1100℃之间，金属处于过热状态，奥氏体晶粒严重长大，冷却后得到粗大的组织，强度高，塑性低。

正火区（细晶区、相变重结晶区）：温度 A_{c3}～1100℃，将发生重结晶，铁素体和珠光体全部转变为奥氏体，空冷后得到相当于热处理时的正火组织的均匀而细小的珠光体和铁素体，此区的综合力学性能一般比母材还好，强度高，韧性、塑性好，是热影响区中组织和性能最好的区域。

部分相变区（不完全重结晶区）：该区的加热温度范围在 A_{c1}～A_{c3} 之间。在加热过程中，原来的珠光体全部转变为细小的奥氏体，而铁素体仅部分溶入奥氏体，剩余部分继续长大，成为粗大的铁素体。冷却时奥氏体转变为细小的铁素体和珠光体，粗大铁素体依然保留下来。所以该区的特点是组织不均匀，晶粒大小不一，力学性能也不均匀，强度有所下降。

易淬火钢是指在焊后空冷条件下，容易淬火形成马氏体的钢种，这类钢焊接热影响区组织分布与母材焊前的热处理状态有关。

如母材焊前是正火或退火状态，则热影响区组织可分为：

（1）完全淬火区。该区的加热温度处于固相线到 A_{c3} 之间，它包括了相当于低碳钢焊接热影响区中的过热区和正火区（重结晶区）两部分。过热区峰值温度接近熔点，所以该区内晶粒长得很粗大，一些难熔的合金碳化物和氮化物质点都溶入奥氏体。另外，该区的冷却速度最大，所以过热区淬火倾向大于正火区，冷却后的组织为粗大马氏体。峰值温度处于正火区的部分则得到细小马氏体，根据冷却速度和线能量的不同，还可能出现贝氏体，形成了马氏体和贝氏体混合组织。这两个区的组织同属马氏体类型，只是粗细不同，因此，统称为完全淬火区。此区在焊后强度和硬度增高，塑性和韧性下降，在粗大马氏体区下降更显著。由于组织不均匀，该区性能的不均匀程度也较大，易于产生冷裂纹。

（2）不完全淬火区。相当于不易淬火钢热影响区的不完全重结晶区。母材被加热到 A_{c1}～A_{c3} 温度之间，在快速加热条件下，铁素体很少溶入奥氏体，而珠光体、贝氏体、索氏体等转变为奥氏体。在随后冷却时，奥氏体转变为马氏体，原铁素体保持不变，并有不同程度长大，最后形成马氏体—铁素体组织，故称为不完全淬火区。如含碳量和合金元素不高，或冷却速度较小时，也可能出现索氏体和珠光体。该区的不完全淬火组织使该区性能不均匀程度增加，塑性和韧性下降。

热影响区的宽度与焊接方法、线能量、板厚及焊接工艺有关，采用不同焊接方法焊接低碳钢时热影响区的平均尺寸见表 3–1。

表 3–1　　不同焊接方法热影响区的平均尺寸

焊接方法	各区的平均尺寸			总宽（mm）
	过热	相变重结晶	不完全重结晶	
手工电弧焊	2.2～3.0	1.5～2.5	2.2～3.0	6.0～8.5
埋弧自动焊	0.8～1.2	0.8～1.8	0.8～1.0	2.3～4.0
电渣焊	18～20	5.0～8.0	2.0～3.0	25～30
氧、乙炔气焊	21	4.0	2.0	28.0
真空电子束焊				0.05～0.85

3.3 焊接应力与变形

焊接过程中，由于工件局部加热，受热不均匀，变形不一致，相互之间产生制约，工件冷却后就可能产生残余变形和应力。我们所说的焊接应力、焊接变形，就指的是焊接残余应力和焊接残余变形。

加热时，焊缝产生压缩变形和压应力，两侧产生拉伸变形和拉应力；冷却时，焊缝产生拉伸变形和拉应力，两侧产生压缩变形和压应力。

3.3.1 焊接应力与变形的不利影响

1. 焊接残余应力的产生原因及不利影响

（1）产生焊接残余应力的原因。焊件焊后的热应力超过弹性极限，使得冷却后焊件中留有未能消除的应力，称为残余焊接应力。焊接过程的不均匀温度场以及由它引起的局部塑性变形和比容不同的组织是产生焊接应力和变形的根本原因。

（2）焊接残余应力的不利影响。对机械加工精度、疲劳断裂以及构件稳定性都有诸多不利的影响，也是产生焊接裂纹的重要因素。

2. 焊接变形的产生原因及不利影响

（1）产生焊接变形的原因。焊接变形是由于温度变化导致膨胀收缩不一致造成的，一般表现为收缩变形。

由于焊接接头形式，工件的厚度和形状、焊缝的长度及其位置不同，焊接时会出现各种形式不同的变形。大体上可分为：纵向变形，横向变形、弯曲变形、角变形、波浪变形及扭曲变形等，如图 3–13 所示。

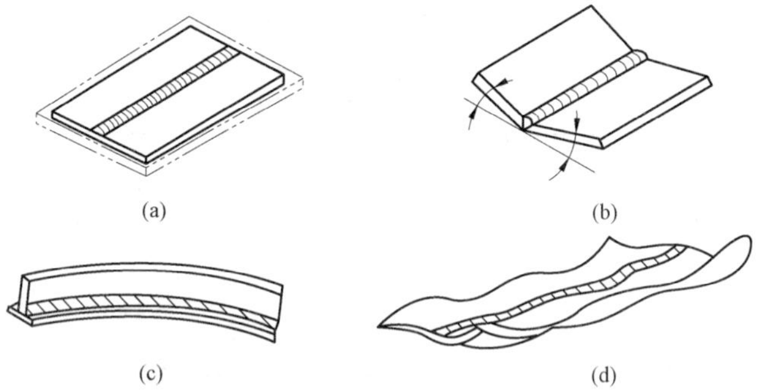

图 3–13　常见的焊接变形

（a）纵向缩短和横向缩短；（b）角变形；（c）弯曲变形；（d）波浪形变形

（2）焊接变形的不利影响。

1）增加制造成本，浪费工时。在生产中，有时焊件出现了变形，就需要花许多工时去矫正，比较复杂的变形，矫正的工作量比焊接工作量还要大，有时变形大，甚至造成废品。

2）降低产品质量和性能。部件在焊接组装时产生变形，使整个装配质量降低。例如，矩形箱式梁由于各段的组焊变形，在环缝焊接时就会出现错边。如果不予矫正就进行装配、焊接，将会造成应力集中，在外载荷作用时，局部的附加应力使其安全系数下降。

3）成形外观差，承载能力降低。焊接变形还会导致产品的成形差，外观不美观，如箱体直线度、钢梁挠度降低等，承载能力也下降。

3.3.2 焊接应力与变形的关系和处理措施

1. 焊接应力与变形的关系

（1）焊接应力分布和变形大小主要取决于材料结构本身和焊接参数和工艺方法。

（2）焊接结构中，焊接应力和变形同时存在，又相互制约。如刚性固定焊接可以变形减小而应力却增加，反之允许一定的变形可以减小应力。

（3）往往要求焊接结构既不允许有较大的变形，又不允许有较大的焊接应力，就需要采取综合措施进行防止或消除。

2. 减少和消除焊接应力和变形的措施

（1）减少和消除焊接应力的措施。

1）合理的设计，如采用热输入小的焊接方法；减少焊缝数量和尺寸以及刚度较小的焊接接头形式；制定合理的消除应力热处理参数等。

2）在焊接过程中，注重焊接程序，减少拘束，尽可能使焊件能自由收缩。采用较小的焊接线能量和合理的焊接操作方法。如采用小直径焊条、多层多道焊、气体保护焊等。

3）焊后按工艺要求对工件进行后热或焊后热处理。采用不同的工艺程序，利用高温时材料屈服强度下降和蠕变现象达到松弛焊接残余应力的目的。

（2）减少和消除焊接变形的措施。

焊接变形应从设计和工艺两方面解决。

1）合理的结构设计和焊缝布置及焊缝坡口，这对预防和减小焊接变形将起重要作用，焊缝尽可能对称布置，焊缝不能太密集，焊缝避免布置在大开口处以及应力集中的部位。

2）适当的焊接工艺方法，控制焊缝余高、控制焊缝尺寸、采取合理的焊接程序能有效地减少焊接变形。例如厚板对接，采用多层多道焊，焊长焊缝时，直道变形最大；从中段向两端施焊时变形则有所减小，从中段往两端逐段退焊时变形最小，采用逐段跳焊也可减少焊接变形，见图 3–14。

3）合适的使用反变形工艺，如焊接 H 型钢或 T 型钢，预先将翼板压弯一个角度，以抵消焊接后的角变形；又如两块钢板对接，为防止角变形，预先将焊缝处传填高，将两边用重物压牢或固定，这样做可以减少角变形，见图 3–15。

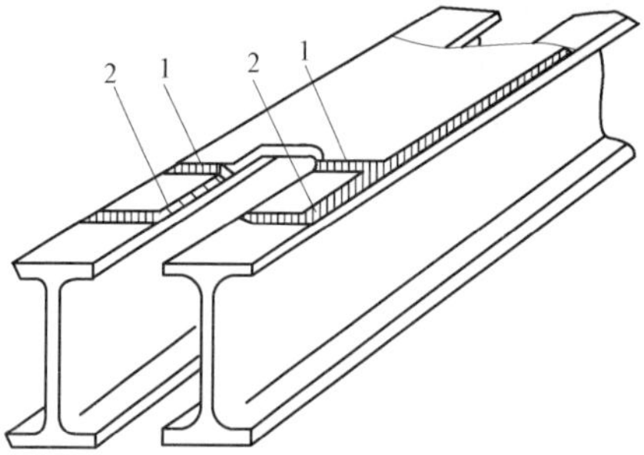

图 3–14　合理的焊接顺序

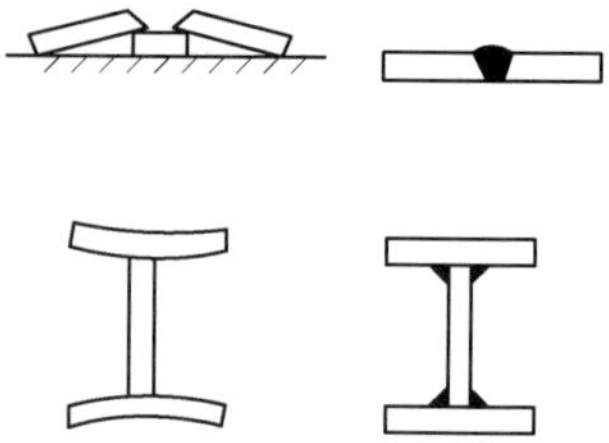
图 3–15　反变形工艺

3.3.3　影响焊接应力与变形的因素

影响焊接变形与应力的主要的因素有：焊件上温度分布不均匀；熔敷金属的收缩；焊接接头金属组织转变及工件的刚性约束等。

1. 焊件上温度的分布不均匀

焊接时，焊缝与母材之间形成了很大的温度梯度。焊缝高温区域受阻，形成了压应力，而温度较低区域伸长量小的部分因抵抗高温区的伸长，形成了拉伸应力。冷却过程中，焊缝金属的收缩受到母材的限制，便在焊缝区形成了拉伸应力，而临近焊缝区母材承受压缩应力。

焊接接头在高温时几乎丧失了屈服强度，在应力的作用下便会产生塑性变形，冷却后，焊件内便形成了残余应力和残余变形。

2. 熔敷金属的收缩

焊缝金属在凝固及随后冷却过程中，体积收缩在焊件内引起变形与应力的大小取决于熔敷金属的收缩量，而收缩量大小又取决于熔化金属的数量。如 V 形坡口的角变形，就是由于焊缝上、下部熔敷金属的敷量不同，收缩量大上大下小造成的。

3. 金属组织的转变

焊接热循环过程中焊缝金属内部显微组织会发生转变，各种组织的密度不同，便伴随了体积的变化，出现了称之为组织应力的内应力。如由质量体积为

$0.1275m^3/t$ 高温奥氏体冷却转变为质量体积为 $0.1310m^3/t$ 马氏体时，体积变化近 10%。

4. 焊件的刚性拘束

如果焊件自身的刚性大或在固紧的条件下施焊，会限制焊件在热循环作用下的自由伸长和缩短，这可控制焊接变形，但却形成了较大的内应力。

焊接变形和应力还与焊接方法及焊接工艺参数有关。如气焊热源不集中，焊件上的热影响区面积较电弧焊大，所以产生的焊接变形和应力亦大。又如电弧焊时，电流大或焊接速度慢导致热影响区增大，产生的焊接变形和应力亦增大。

3.4 特种设备常用钢材的焊接

3.4.1 钢材焊接性的含义

1. 焊接性概念

工程用金属材料除了要具备良好的强度、韧性之外，往往还具有在高温、低温以及腐蚀介质中工作的能力。但是，在焊接条件下，金属的性能，主要是焊接接头的性能会发生某些变化。

由于焊接是在短短的时间内，焊缝金属和热影响区经历了加热、冷却、融化、结晶、化学反应、相变和应力作用等一系列物理、化学的复杂过程。而此过程中，又是在焊接接头这一很小区域范围内，在温度分布和化学成分都处于极不平衡的特定条件下进行的。这就可能带来两种后果：一是某些金属材料焊接后在焊缝和热影响区产生裂纹、气孔、夹渣等一系列的宏观缺陷，破坏了金属材料的连续性和完整性，直接影响到焊接接头的强度和气密性；二是金属材料焊接后，可能使它们的某些使用性能，如低温韧性、高温强度、耐腐蚀性能等下降。为了使金属材料在一定的工艺条件下，形成具有一定使用性能的焊接接头，这就不仅要求我们要了解材料本身的性能，而且还要了解金属材料焊接后性能的变化，也就要研究金属的焊接性问题。

什么是金属的焊接性呢？国标 GB/T 3375《焊接术语》解释为："金属材料对焊接加工的适应性。主要指在一定的焊接工艺条件下，获得优质焊接接头的难易程度。它包括两方面的内容：其一是结合性能，即在一定工艺条件下，一定的金属形成裂纹缺陷的敏感性；其二是使用性能，即在一定焊接工艺条件下，一定金属的焊接接头对使用要求的适应性。"

不同的钢材焊接性不同；同一种钢材采用不同焊接方法、焊接材料和焊接规范施焊，其焊接性也可能有很大差别。所以钢材的焊接性是一个与条件有关的相对概念。当采用新的金属材料焊制构件时，了解及评价新材料的焊接性，是构件设计、施工准备及正确拟订焊接工艺，保证焊接质量的重要依据。

2. 焊接性估算

钢的裂纹倾向与其化学成分有密切关系，因此，可以根据钢的化学成分评定其焊接性的好坏。通常将影响最大的碳作为基础元素，把其他合金元素的质量分数对焊接性的影响折合成碳的相当质量分数，碳的质量分数和其他合金元素的相当质量分数之和称为碳当量，用符号 C_{eq} 表示，它是评定钢的焊接性的一个参考指标。国内外估算钢材碳当量的经验公式很多，公认比较有代表性的是国际焊接学会、英国及日本相关机构推荐的公式：

（1）ⅡW（国际焊接学会）推荐公式：

$$C_{eq}=W_c+\frac{W_{Mn}}{6}+\frac{W_{Mi}}{13}+\frac{W_{Cu}}{15}+\frac{W_{Cr}}{5}+\frac{W_{Mo}+W_V}{5}+\frac{W_{Si}}{24}$$

（2）英国 BS2462 推荐公式：

$$C_{eq}=W_c+\frac{W_{Mn}}{6}+\frac{W_{Mi}}{40}+\frac{W_{Cr}}{5}+\frac{W_{Mo}}{4}+\frac{W_V}{4}+\frac{W_{Si}}{24}$$

（3）日本 WES—135 和 nS—3106 推荐公式：

$$C_{eq}=W_c+\frac{W_{Mn}}{6}+\frac{W_{Cr}+W_{Mo}+M_V}{5}+\frac{W_{Ni}+W_{Co}}{15}$$

根据一般经验，当碳当量 C_{eq}<0.4%时，钢材的淬硬倾向不明显，焊接性较好，在一般焊接条件下施焊即可，不必预热焊件。

当碳当量 C_{eq}=0.4%～0.6%时，钢材的淬硬倾向逐渐明显，焊接时需要采取预热等适当的工艺措施。

当碳当量 C_{eq}>0.6%时，钢材的淬硬倾向很强，难于焊接，需采取较高的焊件预热温度和严格的工艺措施。

碳当量公式仅用于对材料焊接性的粗略估算，在实际生产中，应通过直接试验，模拟实际情况下的结构、应力状况和施焊条件，在试件上焊接，观察试件的开裂情况，并配合必要的接头使用性能试验进行评定。

3.4.2 焊接性试验的主要作用

焊接性试验，即评定母材焊接性的试验。例如，焊接裂纹试验、接头力学性能试验、接头腐蚀试验等。通过焊接性试验可以评定某种金属材料焊接性的优劣；对不同材料进行焊接性的比较，为选择焊接方法、焊接材料和确定焊接参数提供实验依据。焊接性涉及面比较宽，影响因素也比较多，而一个具体的试验往往只能说明某一个方面的问题，所以焊接性试验的方法也就很多。

焊接性试验主要应包含以下内容：

（1）焊缝金属的抗热裂纹能力。热裂纹是焊缝中常见的严重缺陷，与焊缝金属的冶金条件有密切关系。因此，常以焊缝金属的抗热裂纹能力作为衡量某些金属材料冶金焊接性的重要标志。

（2）焊缝及热影响区的抗冷裂纹能力。对一些冷裂纹敏感性较强的材料，焊缝和热影响区的抗冷裂纹能力则是衡量材料工艺焊接性优劣的重要标志之一。

（3）焊接接头的使用性能。包括常温和高温力学性能、低温韧性、耐蚀性及产品技术条件中所规定的其他性能要求。随着焊接技术在大型结构制造中得到广泛的应用，近年来由于金属的脆性断裂而酿成重大事故屡有发生，因此，在使用性能中焊接接头的抗脆化能力成为大众所关注的重要内容。

（4）焊接接头（或结构）的抗再热裂纹与层状撕裂的能力。

3.4.3 焊接工艺评定的作用及其过程

焊接工艺评定是指为验证所拟定的焊件焊接工艺的正确性而进行的试验过程及结果评价。

1. 焊接工艺评定的主要作用

通过焊接工艺评定得到能够指导生产的焊接工艺，它是制定焊接工艺规程的重要依据。所以凡是重要的焊接结构如锅炉、压力容器、压力管道、桥梁、重要的建筑结构等，在制定焊接工艺规程之前都要进行焊接工艺评定。

2. 焊接工艺评定过程

焊接工艺评定试验是与金属焊接性试验、产品焊接试板试验、焊工操作技能评定试验不相同的试验。

（1）与金属焊接性试验相比，焊接工艺评定试验具有验证性，其目的是检验所拟订的焊接工艺是否正确。而金属焊接性试验具有探索性，它或者是用以揭示金属在焊接时容易产生的问题，或者是用以制定焊接工艺。

（2）与产品焊接试板试验相比，焊接工艺评定试验不是在焊接施工过程中进行的，而是在施工之前在做施工准备过程中进行的。而产品焊接试板试验则是在施工过程中进行，而且这种试板的焊接是与产品的焊接同步进行的，通过产品焊接试板试验可以检验实际产品的焊接质量。

（3）与焊工操作技能评定试验相比，焊接工艺评定是确定焊件的使用性能，用整套的试验数据说明采用什么焊接工艺才能满足要求。它的前提是焊工操作技能必须熟练，不能让焊工的人为因素影响评定试验结果，故要求焊接工艺评定试件的焊工应是熟练焊工。而焊工操作技能评定是考核焊工的操作水平和能否焊出没有超标焊接缺陷焊缝的能力，而不是检测焊件的力学性能或冶金性能，它的前提是焊接工艺指导书正确，焊工在焊接工艺指导书的指导下焊接试件。

（4）焊接工艺评定只是回答焊接接头的使用性能是否符合设计要求这个问题，不能解决消除应力、减少变形、防止焊接缺陷等许多的焊接质量问题。

焊接工艺评定的过程是：① 编制预焊接工艺规程 pWPS。② 由本单位技术熟练的焊工依据预焊接工艺规程 pWPS 焊制试件。③ 对试件焊接接头进行外观检查及无损探伤。④ 在上述检查合格的试件上切取力学性能试验的试样，包括拉力、弯曲及冲击试样。⑤ 测定试样是否具有所要求的力学性能。⑥ 编制焊接工艺评定报告 PQR。

需要进行焊接工艺评定的焊接接头包括：① 受压元件焊接接头。② 与受压元件相焊的焊接接头。③ 上述焊缝的定位焊缝。④ 受压元件母材表面的堆焊补焊焊缝。

3.4.4 焊前预热和后热的作用

低合金高强度钢的焊接最重要的原则是避免淬硬组织和控制冷裂纹。所采用的措施除了合理选用焊接材料外，主要是控制焊接工艺。其中采取焊前预热和焊后热消氢处理也是改善接头性能的常用方法。

1. 焊前预热的作用

焊接冷却速度影响焊接接头特别是热影响区的硬度。其中最为关键的是由 A_{c3} 到或马氏体开始转变温度 Ms 温度区段的冷却速度，低合金高强钢该温度范围大致在 800～500℃，通过预热可以显著降低该温度范围的焊接冷却速度，从而减少淬硬倾向。而预热对焊接热影响区晶粒粗化的影响较小，同时预热还有利于焊缝中氢的逸出，因此是一种较好的降低高强钢焊接冷裂倾向的措施。

预热温度一般选择在 50～250℃之间。预热温度与环境温度、钢种、焊接材料类型等有关。典型钢材焊接所需的预热温度通常有相关标准予以给定，也可通过焊接性试验确定或采用经验公式计算确定。

焊前预热的主要有利作用如下：

（1）降低焊接接头各区的冷却速度，遏制或减少了淬硬组织的形成。

（2）减小焊接区的温度梯度，降低和改善焊接残余应力分布。

（3）延长焊接区在100℃以上温度的停留时间，有利于氢从焊缝金属中逸出。

但必须防止由于预热而使焊接热影响区的冷却速度过于缓慢产生粗大组织，致焊接热影响区强度下降、韧性变坏问题。

2. 后热的作用

由于焊缝发生冷裂纹存在潜伏期，所以，在裂纹产生以前若及时进行加热处理，即所谓紧急后热，将有利于防止冷裂纹的产生。一般紧急后热温度 300～600℃。

焊后及时后热处理一般可产生三种有利作用：

（1）降低残余应力。

（2）改善组织，降低淬硬性。

（3）减少扩散氢。

对于要求高温预热的钢种，有时因产品结构条件（如形状复杂，在结构内部施焊等）的限制，高温预热无法实施时，可考虑采用后热并配合低温预热。

后热温度有一个下限，低于下限温度时，后热就不能防止延迟裂纹的产生。后热下限温度与碳当量有关，碳当量越大，后热下限温度越高。

较低的后热温度对于消除残余应力效果不明显，对高强钢尤其如此。为了更好地消除残余应力和改善组织，必须进行焊后消除应力热处理。

3.4.5　焊接线能量

1. 焊接线能量的概念

焊接能量参数是指焊接电流、电弧电压和焊接速度。工艺规定的焊接能量参数是通过焊接工艺评定得出的，实际施焊时应严格控制，不认真执行或任意改变焊接能量参数可能会导致焊接接头性能恶化，出现各种问题。

焊接能量参数通常以热输入（也称线能量），即熔焊时由焊接能源输入给单位长度焊缝上的热能来表征。线能量影响焊接接头的冷却速度，由此也影响低焊接接头的淬硬程度、氢的扩散速度以及焊接残余应力水平，最终影响到接头的冷裂倾向。

2. 焊接线能量对低合金结构钢、低温钢、奥氏体不锈钢焊接接头性能的影响

（1）低合金钢焊接时，适当增大线能量是有益的。采用焊接热输入高的焊接方法，如埋弧焊和电渣焊，增大线能量可增加高温停留时间，减缓 800～

500℃温度范围的冷却速度，从而提高了接头的抗冷裂性。对于不同焊接方法，相同的线能量下接头冷却速度并不相同，埋弧焊的冷却速度最慢，手弧焊最快，氩弧焊比埋弧焊的冷却速度快一些。此外，即使线能量相同，当焊接电流或速度相差很大时，产生的影响也可能不一致。增大线能量时必须注意避免奥氏体晶粒粗化，如线能量控制不当，形成粗大马氏体十分有害的，对于某些合金钢，过高的热输入会明显地降低接头的冲击韧度和强度。

（2）对低合金低温钢的焊接，焊接线能量的控制更严格。低温钢焊接要求尽量采用小的焊接线能量，盲目增大焊接线能量，会导致焊缝和热影响区韧性下降。

（3）铬镍奥氏体不锈钢的焊接时，过高的焊接热输入会扩大焊缝区的敏化温度区间并延长了高温区停留时间，最终将导致接头热影响区耐蚀性的降低。对于含铌稳定元素的铬镍不锈钢，高的热输入还可能导致焊缝热裂纹的形成。因此，对于这类钢，应在保证接头各层焊缝良好熔合的前提下，采用尽可能低的焊接热输入，即以较低的焊接电流和较高的焊接速度施焊。

3.4.6 奥氏体不锈钢

1. 奥氏体不锈钢的焊接性

奥氏体不锈钢的焊接性较好，焊接时一般不需要采取特殊的工艺措施。但当焊接工艺选择不当时，容易出现晶间腐蚀、应力腐蚀开裂、热裂纹等缺陷。

2. 防止奥氏体不锈钢热裂纹、晶间腐蚀和应力腐蚀开裂倾向的措施

（1）防止热裂纹和晶间腐蚀倾向的措施。

奥氏体不锈钢的物理特性是热导率小、线膨胀系数大，因此在焊接的局部加热和冷却条件下，焊接接头部位的高温停留时间较长，焊缝金属及近缝区在高温承受较高的拉伸应力与拉伸应变，这是产生热裂纹的基本条件之一。对于奥氏体不锈钢焊缝，通常联生结晶形成方向性很强的粗大柱状晶组织，在凝固结晶过程中，一些杂质元素及合金元素，如 S、P、Sn、Sb、B、Nb 易于在晶间形成低熔点的液态膜，因此造成焊接凝固裂纹，对于奥氏体不锈钢母材，当上述杂质元素的含量较高时，将易产生近缝区的液化裂纹。

防止热裂纹可以采用下列措施：

1）采用适当的焊接坡口或焊接方法，使母材金属在焊缝金属中所占的比例减少（即小的熔合比）。与此同时，在焊接材料的化学成分中加入抗裂元素，且其有害杂质硫、磷的含量比母材金属中的少，即其化学成分优于母材金属，故应尽量减少母材金属熔入焊接熔池的数量。

2）尽量选用低氢型焊条和无氧焊剂，以防止热裂纹的产生。

3）焊接时应选用小的热输入（即小电流快速焊）。在多层焊时，要等前一层焊缝冷却后再焊接次一层焊缝，层间温度不宜高，以避免焊缝过热。施焊过程中焊条不摆动。

4）选择合理的焊接结构、焊接接头形式和焊接顺序，以降低焊接应力，减少热裂纹的产生。

5）在焊接过程结束和中途断弧前，收弧要慢且要设法填满弧坑，以防止弧坑裂纹的形成。

（2）防止晶间腐蚀倾向的措施。

奥氏体不锈钢焊接时，根据贫铬理论，在晶界上析出碳化铬，造成贫铬的晶界是晶间腐蚀的主要原因。为了防止和减少晶间腐蚀，常采用以下措施：

1）选用适当的焊接方法，使输入焊接熔池的热量最小，让焊接接头尽可能地缩短在敏化温度区段下停留时间，减低危险温度对它的影响。对于薄件、小型而规则的焊接接头，选用高能量的真空电子束焊或等离子弧焊最为有利；对于中等厚度板材的焊缝，可采用熔化极自动或半自动气体保护焊来施焊；而大厚度的板材的焊接选用埋弧焊较为理想。

2）应使焊接熔池停留时间最短。在保证焊缝质量的前提下，用小的焊接电流、最快的焊接速度，来达到这一目的。

3）操作方面尽量采用窄焊缝，多层多道焊，每一道焊缝或每一层焊缝焊后，要等焊接处冷却到 100℃以下再进行次一道或次一层焊；在施焊过程中不允许摆动以降低熔池的温度，加快冷却；对于管壁较厚而管径又小的炉管来说，首先用氩弧焊进行封底焊，可以不加填充材料进行熔焊，管内通氩气保护，以保护焊接熔池不易氧化，又可以加快焊缝冷却，同时也有利于背面焊缝成形；对于接触腐蚀介质的焊缝，在有条件的情况下一定要最后施焊，以减少接触介质焊缝的受热次数。

4）强制焊接区快速冷却。对于有规则的焊缝，在可能条件下，焊缝背面可用纯铜垫，在纯铜垫上可以通水、通保护气。这样，焊缝在惰性气体保护下凝固，成形美观且少受氧化，同时又加快冷却。对于不规则的长焊缝，可以一面施焊一面用水冷焊缝，以水不侵入焊接熔池为准，用这种方法同样也可起到减少晶间腐蚀作用的倾向。曾对一些小而轻的 18–8 型不锈钢焊件，焊好后将其立即投入水中冷却，未发现有裂纹倾向。

5）进行稳定化处理或固溶处理。这是行之有效的方法，即焊后将整个焊接构件进行整体热处理，可以减少或避免晶间腐蚀倾向。

（3）防止应力腐蚀开裂的措施。

奥氏体不锈钢焊接接头的应力腐蚀开裂是焊接接头比较严重的失效形式，通常表现为无塑性变形的脆性破坏，危害严重，它也是最为复杂和难以解决的问题之一。影响奥氏体应力腐蚀开裂的因素有焊接残余拉应力、焊接接头的组织变化，焊前的各种热加工、冷加工引起的残余应力、酸洗处理不当或在母材上随意打弧、焊接接头设计不合理造成应力集中或腐蚀介质的局部浓度提高等。

应力腐蚀裂纹的金相特征是裂纹从表面开始向内部扩展，点蚀往往是裂纹的根源，裂纹通常表现为穿晶扩展，裂纹的尖端常出现分枝，裂纹整体为树枝状。裂纹的断口没有明显的塑性变形，微观上具有准解理、山形、扇形、河川及伴有腐蚀产物的泥状龟裂的特征，还可看到二次裂纹或表面蚀坑。要防止应力腐蚀的发生，需要采取的措施有：

1）理设计焊接接头，避免腐蚀介质在焊接接头部位聚集，降低或消除焊接接头的应力集中。

2）尽量降低焊接残余应力，在工艺方法上合理布置焊道顺序，如采用分段退步焊。采取一些消应力措施，如焊后完全退火，在难以实施热处理时，采用焊后锤击或喷丸等。

3）合理选择母材与焊接材料，如在高浓度氯化物介质中，超级奥氏体不锈钢就显示出明显的耐应力腐蚀能力。在选择焊接材料时，为了保证焊缝金属的耐应力腐蚀性能，通常采用超合金化的焊接材料，即焊缝金属中的耐蚀合金元素（Cr、Mo、Ni 等）含量高于母材。

4）采用合理工艺方法保证焊接接头部位光滑洁净，焊接飞溅物、电弧擦伤等往往是腐蚀开始的部位，也是导致应力腐蚀发生的根源，因此，焊接接头的外在质量也是至关重要的。

3.5 焊接缺陷的种类及产生原因

焊接过程中在焊接接头处产生的金属不连续、不致密或连接不良的现象称为焊接缺陷。严重的焊接缺陷将影响产品结构和使用安全。主要有外观缺陷及焊接裂纹、未熔合、未焊透、气孔、夹渣等宏观缺陷和成分组织不均匀、过热过烧、白点等微观缺陷。外观缺陷和宏观缺陷可以通过宏观检查和无损检测发现，而微观缺陷则需金相分析等理化检验或破坏性试验才能发现。

3.5.1 外观缺陷种类、形成原因及危害

1. 成形不良

（1）成型不良。即焊缝外观尺寸不符合要求，是指焊缝余高（不超过 2～4mm）及高低差超标（不超过 2mm），焊缝过宽（不超过坡口宽 4mm）以及焊缝母材过渡不圆滑。

（2）错边。焊缝两侧母材在厚度方向错开，管道焊缝错口值一般要求不大于母材厚度的 10%。

（3）各种焊接变形。如角变形、扭曲、波浪变形等。

产生外观缺陷的主要原因：焊件坡口开得不当或装配间隙质量不好；焊接工艺选择不当，焊接操作技能不好。

主要危害：不美观，影响使用性能，降低焊缝质量。

防止措施：选择合理的焊接工艺参数及焊接顺序；保证焊件装配质量；提高焊接操作技能。

形状不良一般应由宏观检验发现评判，焊缝过宽、错边及变形缺陷有可能影响超声波检测对缺陷的判别及定位。

2. 咬边

如图 3–16 所示，是沿焊趾的母材部位产生的沟槽或凹陷，是由于焊接电弧把焊缝边缘的母材熔化后，没有得到焊条熔化金属的补充所留下的缺口。

产生咬边的主要原因：焊接规范大，即电流大、速度慢所造成。焊条与工件间角度不正确，摆动不合理，电弧过长，焊接次序不合理等也会造成咬边。直流焊时电弧的磁偏吹也是产生咬边的一个原因。

主要危害：减小了母材的有效截面积，会降低结构的承载能力；会造成应力集中发展为裂纹源，对构件的疲劳强度影响较大。

防止的措施：选用合理的规范，采用正确的运条方式都有利于消除咬边。在角焊中，用交流焊代替直流焊也能有效地防止咬边。

3. 焊瘤

如图 3–17 所示，焊接过程中金属流溢到加热不足的母材或焊缝上，凝固成金属瘤，这种未能和母材或前道焊缝熔合在一起而堆积的金属瘤叫焊瘤。

产生焊瘤的主要原因：焊接电流过大，装配间隙过大；焊接电源特性不稳定及操作姿势不当等也易带来焊瘤。

主要危害：焊瘤使构件局部突变，会引起应力集中。管子内部的焊瘤减小了

内径，减少了流体流通面积，锅炉小径管严重焊瘤易造成堵塞。

防止的措施：尽可能使焊缝处于平焊位置焊接，选用正确规范，提高操作技能。

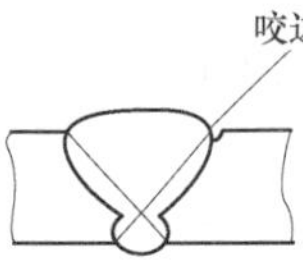

图 3–16　咬边缺陷示意图

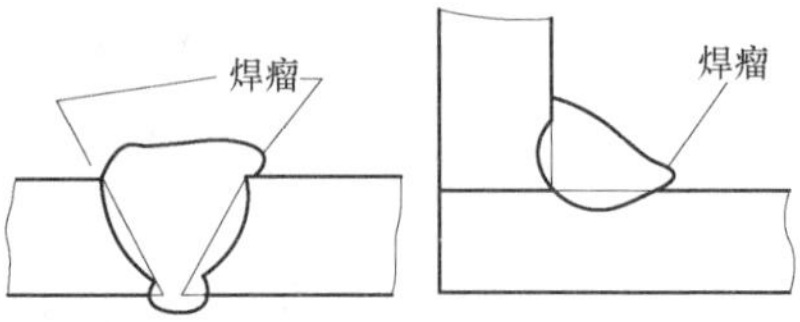

图 3–17　焊瘤缺陷示意图

4. 凹坑缺陷

（1）弧坑：如图 3–18（a）所示，焊接收尾处形成低于焊缝高度的凹陷坑称为弧坑。

（2）内凹：如图 3–18（b）所示，焊缝根部向上收缩低于母材下表面时称为内凹。

（3）未焊满：如图 3–18（c）所示，是指焊缝表面上连续的或断续的沟槽。

产生凹坑缺陷的主要原因：填充金属不足是产生凹坑根本原因。收弧时焊条（焊丝）未作短时间停留造成的（此时的凹坑称为弧坑）；仰、立、横焊时，常在焊缝背面根部产生内凹；规范太弱，焊条过细，运条不当等会导致未焊满。

主要危害：减小了焊缝的有效截面积，削弱了焊缝，也会产生应力集中。弧坑常带有弧坑裂纹和弧坑缩孔，会进一步影响焊缝性能。

防止的措施：施焊时尽量选用平焊位置，选用合适的焊接规范，提高焊接操作技能，加焊盖面焊缝。

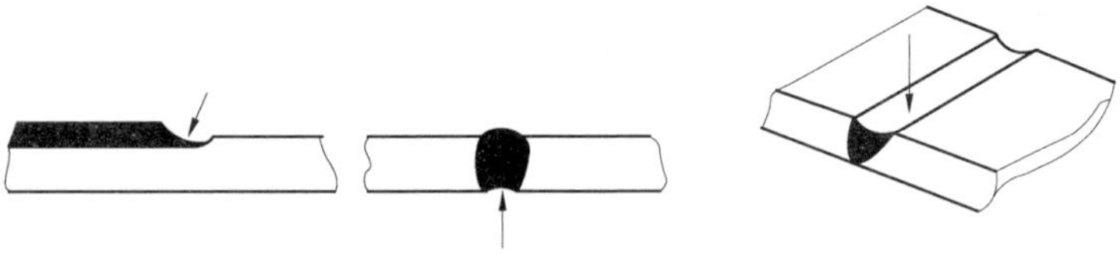

(a)　(b)　(c)

图 3–18　凹坑缺陷示意图

（a）弧坑；（b）内凹；（c）未焊满

5. 烧穿

烧穿是指焊接过程中，熔化深度超过工件厚度，熔化金属自焊缝背面流出，形成穿孔性缺陷。

产生的原因：焊接电流过大，速度太慢，电弧在焊缝处停留过久，都会产生烧穿缺陷。工件间隙太大，钝边太小也容易出现烧穿现象。

防止的措施：选用较小电流和合适的焊接速度，减小装配间隙，在焊缝背面加设垫板或药垫，使用脉冲焊，能有效地防止烧穿。

危害：它破坏了焊缝连续性，使接头丧失连接及承载能力。

3.5.2 气孔缺陷种类、形成原因、危害及防止措施

焊接熔池在金属结晶过程中由于某些气体来不及逸出残留在焊缝中形成气孔。气孔是焊接接头中常见的缺陷。

1. 气孔的类型

从气孔的形态上看，有表面气孔也有焊缝内部气孔；有时以单个分布，有时呈密集分布；有球状气孔、条虫状气孔，见图 3–19。

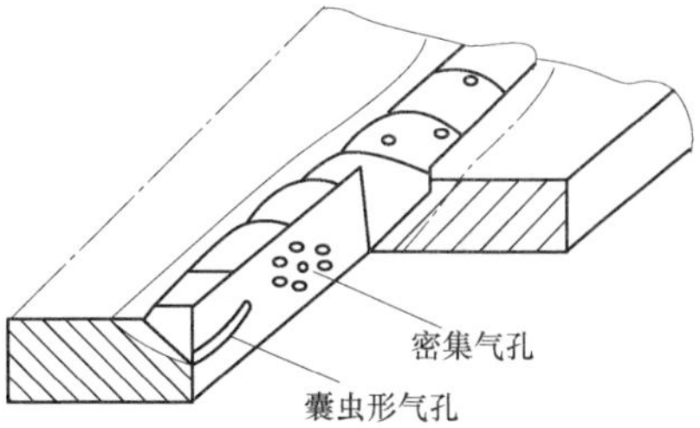

图 3–19 气孔缺陷示意图

根据产生气孔的气体来源可分为析出型气孔和反应型气孔。析出型气孔是因溶解度差而造成过饱和状态析出的气孔。这类气孔主要是由外部侵入熔池的氢和氮引起的。高温熔池和熔滴中溶有了大量的氢、氮，当熔池冷却时，液态金属结晶时氢、氮的溶解度下降至 1/4 左右，于是过饱和的氢氮气体大量析出，熔池结晶快，析出的气体来不及逸出，在焊缝中形成气孔。反应型气孔主要是由于冶金反应而生成的 CO、水蒸气等造成的气孔。

2. 产生气孔的主要原因

母材或填充金属表面有锈、油污等，焊条及焊剂未烘干会增加气孔量。锈、油污及焊条药皮、焊剂中的水分在高温下分解产生气体，会增加高温金属中气体的含量。焊接线能量过小，熔池冷却速度大，不利于气体逸出。焊缝金属脱氧不足也会增加氧气孔。

3. 危害

气孔减小了焊缝的有效截面积，同时引起应力集中，显著降低了焊缝金属的强度和韧性性，还会引起泄漏。气孔还会引起裂纹，导致焊件报废。

4. 防止气孔的措施

（1）清除焊丝，工作坡口及其附近表面的油污、铁锈、水分和杂物。

（2）采用碱性焊条、焊剂时，应彻底烘干。

（3）采用直流反接并用短电弧施焊。

（4）焊前预热，减缓冷却速度。

（5）用较大的规范施焊。

3.5.3 夹渣缺陷种类、形成原因、危害及防止措施

夹渣是指焊后熔渣残存在焊缝中的现象。

1. 夹渣的类型

金属夹渣：指钨、铜等金属颗粒残留在焊缝之中，习惯上称为夹钨、夹铜。

非金属夹渣：指未熔的焊条药皮或焊剂、硫化物、氧化物、氮化物残留于焊缝之中。

按夹渣的分布与形状：有单个点状夹渣，条状夹渣，链状夹渣和密集夹渣。

2. 夹渣产生的原因

（1）坡口尺寸不合理，坡口有污物。

（2）焊接线能量小。

（3）焊条药皮，焊剂化学成分不合理，熔点过高，冶金反应不完全，脱渣性不好。

（4）钨极性气体保护焊时，电源极性不当，电流密度大，钨极熔化脱落于熔池中。

（5）焊缝散热太快，液态金属凝固过快。

（6）手工焊时，焊条摆动不正确，不利于熔渣上浮。多层焊时，层间清渣不彻底。

可根据以上原因分别采取对应措施，以防止夹渣的产生。

3. 夹渣的危害

点状夹渣的危害与气孔相似。带有尖角的夹渣会产生尖端应力集中，尖端还会发展为裂纹源，危害较大。

3.5.4 裂纹种类、形态、发生部位、形成原因、危害及防止措施

在焊接接头局部位置，在焊接应力和其他致脆因素的作用下，金属原子的结合力遭到破坏，形成新的界面而产生的缝隙称为裂纹。按裂纹形成的原因，可分为热裂纹、冷裂纹和再热裂纹。根据裂纹延伸方向，可分为：纵向裂纹（与焊缝平行）、横向裂纹（与焊缝垂直）、辐射状裂纹等。

1. 热裂纹

焊接热裂纹种类繁多，产生的条件和原因各不相同。热裂纹既出现在焊缝和热影响区表面，也产生在其内部。热裂纹是焊接接头中比较常见的一种缺陷，从一般的低碳钢、低合金钢，到奥氏体不锈钢、铝合金和镍基合金等都有产生热裂纹。

（1）焊接热裂纹的分类、形成及影响因素。

热裂纹是焊接时高温下产生的，它的特征是沿原奥氏体晶界开裂。一般把热裂纹分为结晶裂纹、液化裂纹和多边化裂纹，见图 3–20。

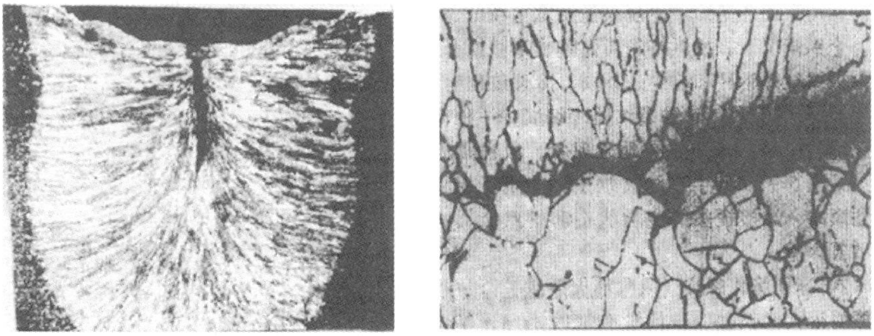

（a）　　　　（b）

图 3–20　裂纹缺陷金相示意图

（a）结晶裂纹；（b）液化裂纹

结晶裂纹：结晶裂纹又称凝固裂纹，是在液相与固相共存温度下，由于冷却收缩的作用，沿一次结晶晶界开裂的裂纹。所以结晶裂纹的产生与焊缝金属结晶过程化学成分不均匀性、组织不均匀性有密切关系。由于结晶编析，在树枝晶或柱状晶间产生低熔点共晶相并沿一次结晶晶界分布，焊缝结晶收缩时，结晶裂纹就产生在形成了低熔点共晶的晶界上。

液化裂纹：液化裂纹是受焊接热循环作用使晶间金属局部熔化而造成的，经常在焊接过热区及熔合区出现，或者在多层焊层间，受后一道焊道影响的前一道焊道层晶间熔化开裂。当母材金属中有低熔点夹杂物存在时，在焊接热循环的作用下，熔合区或过热区的低熔点夹杂物易在晶界液化，形成球滴状孔洞。液化的奥氏体晶界在轻微应力的作用下就会开裂。沿晶界开裂的液化裂纹可以向焊缝中扩展，也可以向母材热影响区扩展。

多边化裂纹：焊接时在金属多边化晶界上形成的一种裂纹称为多边化裂纹。它是由于高温下晶界处塑性很低造成的，故又高温低塑性裂纹，多发生在纯金属或单相奥氏体焊缝中，个别情况下出现在热影响区。

（2）热裂纹防止措施。

热裂纹的产生与低熔点共晶物的分布和拉应力有关，防止热裂纹要从这两方面采取相应措施。

1）限制易生成低熔点共晶物的有害杂质的含量，特别是尽量减少 S、P 和 C 的含量。

2）改善焊缝金属组织，细化晶粒，减少或分散偏析程度，降低低熔点共晶物的影响。

3）选用碱性焊条，加强脱 S、脱 P 能力，以减少焊缝中杂质的含量。

4）控制焊缝形状，尽量形成成形系数较大的焊缝和采用多层多道焊，避免偏析物聚集在焊缝中心部位。

5）焊前预热，减少冷却速度，降低应力。

6）提高焊接技能，减少弧坑裂纹。

7）选择合理的焊接顺序和焊接方向，减少焊接应力。

2. 再热裂纹

厚板焊接结构，并含有沉淀强化合金元素的钢材，在焊后消除应力退火或在一定温度一服役的过程中，在焊接热影响区粗晶部位发生的裂纹称为再热裂纹。再热裂纹多发生在低合金高强钢、珠光体耐热钢、奥氏体不锈钢和某些镍基合金的焊接热影响区粗晶部位，其敏感温度 550～650℃。这种裂纹具有沿晶开裂的特点，但其本质上与结晶裂纹不同。

（1）再热裂纹产生的原因。

焊接接头再次加热后，由第一次热过程所形成的过饱和固溶体碳化物在晶内再次析出，即析出沉淀碳化物，造成晶内强化，使滑移应变集中于原奥氏体晶界。当晶界的塑性应变能力不足以承受松弛应力所产生的应变时，则产生再热裂纹。

焊接接头在焊后热处理中，易使钢脆化的元素集结在晶界上，削弱了晶界的结合力，产生再热裂纹。

（2）再热裂纹防止措施。

1）减少热影响区的过热倾向，细化奥氏体晶粒。

2）注意冶金元素的强化作用及其对再热裂纹的影响。

3）采用正确的热处理工艺，避免或缩短在此敏感温度区内的停留时间。

4）预热或采用后热，控制冷却速度。

3. 冷裂纹

焊接接头冷却过程中，温度在 200～300℃以下直至室温产生的裂纹称为冷裂纹。由于常在焊后一段时间发生，所以也称延迟裂纹。多发生在热影响区或熔合线上。主要有焊根裂纹、焊道下裂纹和焊趾裂纹，见图 3–21。

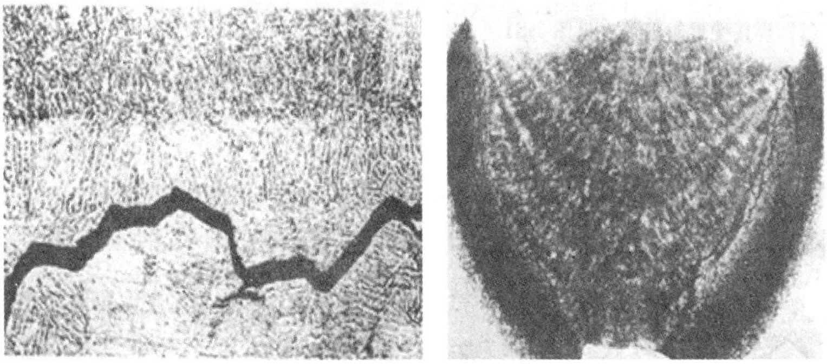

图 3–21 冷裂纹缺陷金相示意图

（1）冷裂纹产生的原因。

冷裂纹的影响因素：钢的淬硬倾向、焊接接头中的扩散氢和拘束力。

焊接时，钢的淬硬倾向越大，越容易产生冷裂纹。钢的淬硬倾向越大则会产生更多的马氏体组织。马氏体是一种脆硬组织，在一定的应变条件下，马氏体由于变形协调能力低容易发生脆性断裂形成裂纹。

氢是引起钢焊接时形成冷裂纹的重要因素之一，并且使之具有延迟的特征，通常把氢引起的延迟裂纹称为“氢致裂纹”。氢在奥氏体中的溶解度大，在铁素体中的溶解度小，当焊缝金属由奥氏体向铁素体转变时，氢的溶解度会突然下降。同时，氢的扩散速度在奥氏体向铁素体转变时突然增加。氢很快从焊缝穿过熔合区向未发生分解的奥氏体热影响区中扩散。氢在奥氏体中的扩散速度小，来不及扩散到距离熔合区较远的母材中，在熔合区附近形成氢聚集。当滞后相变的热影响区发生奥氏体向马氏体转变时，氢以过饱和状态残存于马氏体中。如果热影响区存在微观缺欠，氢会使微观缺欠不断扩展而形成宏观裂纹。氢由溶解、扩散、聚集、产生应力以致开裂需要时间，具有延迟性，称为延迟裂纹。

焊接接头的拘束力：焊接时，焊缝和热影响区在不均匀加热和冷却过程中产生热应力；金属相变时由于体积的变化而产生组织应力；焊接构件在拘束条件下产生的应力。

上述三大因素对焊接冷裂纹产生的影响有各自的内在规律，但它们之间存在着相互联系和相互依赖的关系。

层状撕裂：在具有丁字接头或角接头的厚大构件中，沿钢板的轧制方向分层出现的阶梯状裂纹。层状撕裂实质上也属冷裂纹，主要是由于钢材在轧制过程中，将硫化物（MnS）、硅酸盐类、Al_2O_3 等杂质夹在其中，形成各向异性。在焊接应力或外拘束应力的作用下，金属沿轧制方向伸展的杂质面开裂。

在所有的裂纹中，冷裂纹的危害性最大。

（2）防止冷裂纹的措施。

1）采用低氢型碱性焊条，焊前严格按规定进行烘干，在 100～150℃下保存，随取随用。焊件应严格清理，去油污、锈，减少氢的来源。

2）正确制定焊接工艺，包括合理选择焊接热输入、预热及层间温度、焊后热处理和正确的施焊顺序。目的在于改善热影响区和焊缝组织，促进氢的逸出及减少焊接拘束应力。

3）焊后及时进行消氢热处理。

3.5.5 未焊透种类、形成原因、危害及防止措施

未焊透指焊接接头根部未完全焊透的现象，见图 3–22。

1. 产生未焊透缺陷的原因

坡口角度过小，装配间隙过小或钝边过大；层间及坡口根部清理不良；焊接电流太小，焊速过快，焊接电弧过长。

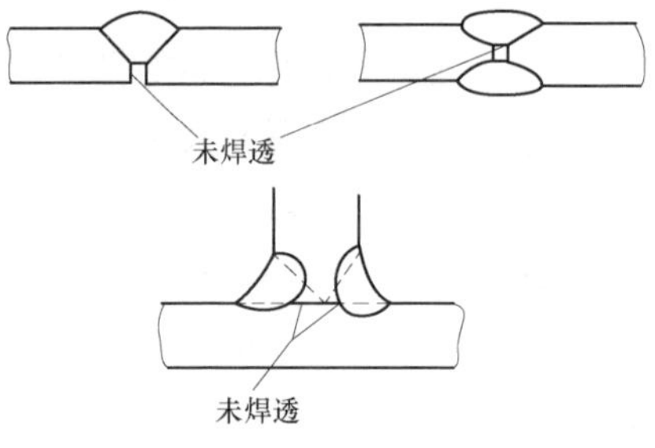

图 3–22　未焊透缺陷示意图

2. 危害

大大降低焊缝强度；引起应力集中，延伸为裂纹源。

3. 防止措施

使用较大电流来焊接是防止未焊透的基本方法。另外，焊角焊缝时，用交流代替直流以防止磁偏吹，合理设计坡口并加强清理，用短弧焊等措施也可有防止未焊透的产生。

3.5.6 未熔合种类、形成原因、危害及防止措施

未熔合是指焊缝金属与母材金属，或焊缝金属之间未熔化结合在一起的缺陷。

1. 未熔合的类型

未熔合常出现在坡口侧壁，多层焊的层间及焊缝的根部，因而分为坡口未熔合、层间未熔合和根部未熔合三种（见图 3–23）。

2. 产生未熔合缺陷的原因

焊接电流过小，电弧产生偏吹，焊接操作不当，坡口侧壁有锈蚀和污物，焊层清渣不干净。

3. 危害

未熔合是一种面积型缺陷。坡口未熔合和根部未熔合会使承载截面积明显减小，使应力集中变得比较严重，其危害性仅次于裂纹。

4. 防止措施

采用较大的焊接电流，正确地进行施焊操作，注意坡口部位的清洁。

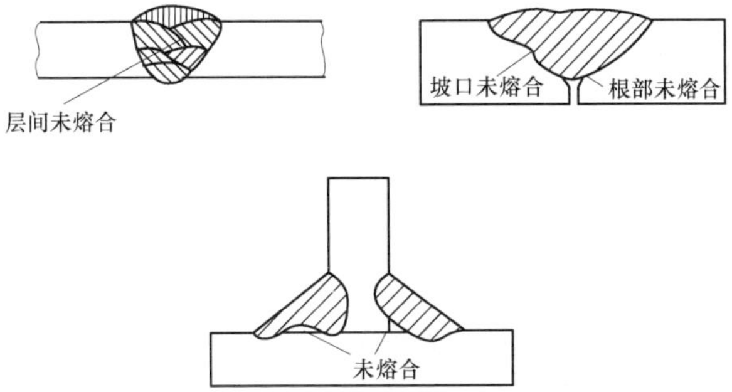

图 3–23　未熔合缺陷示意图

3.6　其他试件中缺陷种类及产生原因

3.6.1　铸件中常见缺陷种类及产生原因

1. 气孔

熔化的金属在凝固时，其中的气体来不及逸出而在金属表面或内部形成的圆孔。

2. 夹渣

浇铸时由于铁水包中的熔渣没有与铁水分离，混进铸件而形成的缺陷。

3. 夹砂

浇铸时由于沙型的沙子剥落，混进铸件而形成的缺陷。

4. 密集气孔

铸件在凝固时由于金属的收缩而发生的气孔群。

5. 冷隔

主要是由于浇铸温度太低，金属熔液在铸模中不能充分流动，两股融体相遇未熔合，在铸件表面或近表面形成的缺陷。

6. 缩孔口疏松

铸件在凝固过程中由于收缩以及补缩不足所产生的缺陷叫缩孔。而沿铸件中心呈多孔性组织分布的叫中心疏松。

7. 裂纹

由于材质和铸件形状不适当，凝固时因收缩应力而产生的裂纹。高温下产生的叫作热裂纹，低温下产生的叫作冷裂纹。

3.6.2 锻件中常见缺陷种类及产生原因

1. 缩孔和缩管

铸锭时，因冒口切除不当、铸模设计不良，以及铸造条件（温度、浇筑速度、浇筑方法、熔炼等）不良，且锻造不充分，没有被锻合而遗留下来的缺陷。

2. 疏松

铸件在凝固过程中由于收缩以及补缩不足，中心部位出现细密微孔性组织分布，且锻造不充分，缺陷没有被锻合而遗留下来的缺陷。

3. 非金属夹杂物

炼钢时，由于熔炼不良以及铸锭不良，混进硫化物和氧化物等非金属夹渣物或者耐火材料等所造成的缺陷。

4. 夹砂

铸锭时熔渣、耐火材料或夹渣物以弥散态留在锻件中形成的缺陷。

5. 折叠

锻压操作不当，锻钢件表面的局部未结合缺陷。

6. 龟裂

锻钢件表面上出现的较浅的龟状表面缺陷叫龟裂。它是由于原材料成分不当，原材料表面情况不好，加热温度和加热时间不合适而产生的。

7. 锻造裂纹

由锻造引起的裂纹种类较多，在工件中的位置也不同。实际生产中遇到的锻造裂纹有以下几类：缩孔残余引起的裂纹；皮下气泡引起的裂纹；柱状晶粗大引起的裂纹；轴芯晶间裂纹引起的锻造裂纹；非金属夹杂物引起的裂纹；锻造加热不当引起的裂纹；锻造变形不当引起的裂纹；以及终锻温度过低引起的裂纹。

8. 白点

白点是一种微细的裂纹，它是由于钢中含氢量较高，在锻造过程中的残余应力，热加工后的相变应力和热应力等作用下而产生的。由于缺陷在断口上呈银白色的圆点或椭圆形斑点，故称其为白点。

3.6.3 轧材中常见缺陷种类及产生原因

轧材的种类包括管、棒、板、丝、钢轨和其他型材。由于形状和材质的不同，出现的缺陷分布规律和缺陷特征也不同。下面简要说明钢材中几大类轧材常见缺陷。

1. 钢管缺陷及其产生原因

（1）纵裂纹。由于加热不良，热处理和加工不当而形成的缺陷。

（2）横裂纹。由于轧制过于剧烈，加热过度或者冷态加工过多而形成的缺陷。

（3）表面划伤和直道。由于加工时的导管和拉模的形状不良而形成的缺陷。

（4）翘皮和折叠。由于圆钢表面夹入杂质或有非金属夹渣物，轧制后形成的局部未结合缺陷。

（5）分层。钢坯内部有非金属夹杂物或气孔，在轧制时变为扁平的层状缺陷。

2. 钢棒和型材缺陷及其产生原因

（1）内部缺陷。钢棒内部缺陷有：钢锭中缩孔未压合，以及压合不当而产生的芯部裂纹，还有严重偏析，白点，非金属夹渣物等。这些缺陷都有一定的延伸性，当轧制比较大时，缺陷也会变为长形。这些缺陷由于延展作用，大多变为星状或扁平状。

（2）表面缺陷。表面缺陷有材料性缺陷和轧制不当造成的缺陷两类。材料性缺陷是指由钢坯表面和近表面层的气孔和非金属夹杂物为起点造成的线状缺陷（发纹）、小裂纹以及夹杂物引起的翘皮。轧制不当引起的缺陷是指由轧辊加工时造成的折叠或皱纹，以及过烧和鳞状折叠。过烧是由于加热太激烈使表面脆化，因而在压延时产生小鳞状裂纹。鳞状折叠是由轧制的模子过紧加上材料表面粗糙造成的。

3. 钢板缺陷及其产生原因

钢板按其厚度可分为薄板和中厚板。划分没有严格的界限。参照我国有关探伤标准，薄板一般指厚度在 5mm 以下的钢板，6～120mm 厚度的钢板为中厚板。钢板中的缺陷与锻件和型材中的缺陷大致相同，主要是由材料引起的和轧制引起的两类。这些缺陷主要有分层、裂纹、线状缺陷、非金属夹杂物、夹渣、折叠、翘皮等。钢板的轧制是平面压下沿长方面轧制，轧制时有非常大的压下比。所以，形成平行于表面的平面状缺陷较多。这类缺陷按其严重程度可分为三类：

（1）完全剥离的层状裂缝或分层缺陷属大缺陷。

（2）在某个小范围内分层的缺陷属中缺陷。

（3）点状夹杂物集合缺陷叫小缺陷。

3.6.4 使用件中常见缺陷种类及产生原因

1. 疲劳裂纹

结构材料承受交变反复载荷，局部高应变区内的峰值应力超过材料的屈服强度，晶粒之间发生滑移和位错，产生微裂纹并逐步扩展形成疲劳裂纹。包括交变工作载荷引起的疲劳裂纹，循环热应力引起的热疲劳裂纹，以及循环应力和腐蚀介质共同作用下产生的腐蚀疲劳裂纹。

2. 应力腐蚀裂纹

特定腐蚀介质中的金属材料在拉应力作用下产生的裂纹称为应力腐蚀裂纹。

3. 氢损伤

在临氢工况条件下运行的设备，氢进入金属后使材料性能变坏，造成损伤，例如氢脆、氢腐蚀、氢鼓泡、氢致裂纹等。

4. 晶间腐蚀

奥氏体不锈钢的晶间析出铬的碳化物导致晶间贫铬，在介质的作用下晶界发生腐蚀，产生连续性破坏。

5. 各种局部腐蚀

包括点蚀、缝隙腐蚀、腐蚀疲劳、磨损腐蚀、选择性腐蚀等。

复 习 题

1. 焊接热影响区是焊接过程中，材料因受热的影响（但未熔化）而发生金相组织和机械性能变化的区域。影响焊接热影响区宽度的因素有哪些？

2. 焊接工艺评定试验的焊接接头需进行哪些检测试验？

3. 焊接冷裂纹的影响因素有哪些？导致产生焊接冷裂纹的最主要因素是什么？

4. 焊条使用前烘干的主要目的是什么？

5. 常见的焊接外观缺陷有哪些？

6. 影响焊接应力与变形的因素有哪些？

7. 焊接接头由哪几部分组成？焊接接头中最薄弱的区域是什么？

8. 焊前预热的主要目的是什么？

9. 承压类特种设备的焊缝在使用过程中可能产生的缺陷有哪些？

10. 埋弧自动焊的焊接速度过快可能导致的后果有哪些？

11. 轧制板材上可能存在哪些缺陷？

12. 碱性焊条的优缺点有哪些？

13. 埋弧自动焊的局限性有哪些？氩弧焊的局限性有哪些？

14. 产生焊接残余应力的原因有哪些？

15. 焊接性试验主要包含哪些内容？

16. 焊后热处理的作用有哪些？

17. 产生未焊透缺陷的原因有哪些？

18. 减少和消除焊接变形的措施有哪些？

19. 焊接线能量对低合金结构钢焊接接头性能的影响有哪些？

20. 防止奥氏体不锈钢热晶间腐蚀和应力腐蚀开裂倾向的措施有哪些？

4 无损检测技术介绍

4.1 无损检测概论

4.1.1 无损检测定义及技术发展三个阶段

1. 无损检测定义

简单理解，无损检测即指在不损坏试件条件下进行检查和测试的方法。但目前并不把用视觉或听觉所进行的一些检查也算作无损检测。

按 NB/T 47013 中定义的无损检测（NDT，nondestructive testing）是指在不损坏检测对象的前提下，以物理或化学方法为手段，借助相应的设备器材，按照规定的技术要求，对检测对象的内部及表面的结构、性质、状态进行检查和测试，并对结果进行分析和评价。

2. 无损检测技术发展三个阶段

在无损检测技术发展过程中出现过三个名称，即：无损探伤（Non-distructive Inspection）、无损检测（Non-distructive Testing）和无损评价（Non-distructive Evaluation）。

这三个名称体现了无损检测技术发展的三个阶段。其中无损探伤是早期阶段的名称，主要是探测发现缺陷；无损检测是当前阶段的名称，不仅要探测发现缺陷，还要对结构、性质、状态等进行检查和测试，需要报告的信息更多；无损评价则是即将进入或正在进入的新的发展阶段，要求对试件或产品的质量和性能给出全面、准确的评价，一方面要在完成无损检测工作基础上，还要获取更全面、准确、综合的信息，例如有关缺陷的形状、尺寸、位置、取向、内含物、缺陷部位的组织、残余应力等的信息，另一方面要结合材料力学等领域知识，并借助计算机数据分析和处理等技术进行分析评价。无损评价涵盖更广泛、内容更深刻。

无损检测是以现代科学技术发展为基础的。超声波检测是在二次世界大战中声呐技术和雷达技术的基础上开发出来的，从电子管、晶体管的模拟机发展到今天的数字超声。射线检测是在伦琴发现 X 射线后才产生的，从常规的射线照相技术发展到数字成像技术。磁粉检测建立在电磁学理论的基础上，19 世纪末期，英国人就利用磁通检测枪管和铁轨。而渗透检测则得益于物理化学的进展，在 1930 年即应用“油一白法”技术开始检测工件表面缺陷，由于航空工业的发展，非铁磁性材料（铝、镁、钛）大量使用，促进了渗透探伤技术的发展。

射线检测（Radiographic Testing，RT）、超声波检测（Ultrasonic Testing，UT）、磁粉检测（Magnetic Testing，MT）和渗透检测（Penetrant Testing，PT）是开发较早，应用较广泛的探测缺陷的方法，称为四大常规检测方法。到目前为止，这四种方法仍是设备制造质量检验和在用检验最常用的无损检测方法。其中 RT 和 UT 主要用于探测试件内部缺陷，MT 和 PT 主要用于探测试件表面缺陷。其他无损检测方法有涡流检测（Eddy Current Testing，ET）、声发射检测（Acoustic Emission，AE）等。

随着现代工业发展和社会进步，人们产品质量和结构安全性，使用可靠性的要求越来越高。由于无损检测技术具有不破坏试件，检测灵敏度高等优点，所以其应用日益广泛。目前，无损检测技术在机械、冶金、石油天然气、石化、化工、航空航天、船舶、铁道、电力、核工业、兵器、煤炭、有色金属、建筑等领域，都得到广泛应用。

随着电子技术、计算机及信息技术的发展，无损检测的方法和种类越来越多，一方面有激光、红外、微波、液晶等新技术应用于无损检测；另一方面原有方法得到进一步深化，如射线测方法可细分为 X 射线照相、γ射线照相、中子射线照相、高能 X 射线照相、射线实时成像、DR 技术、层析照相、几何放大照相、移动照相、康普顿散射照相、晒版照相等十几种；超声波检测方法相控阵、导波、TOFD 等新检测技术得到发展；磁性材料磁记忆检测技术也已经得到广泛使用。

4.1.2 无损检测的目的及应用特点

1. 无损检测的主要目的

在材料及设备结构的制造及安装阶段，无损检测工作主要有改进制造工艺、保证产品质量并降低生产成本的三个目的，而在使用环节，无损检测则是保障设备使用运行安全的重要手段。

（1）改进工艺。

在产品试制过程中，通过关键环节无损检测，可起到帮助改进工艺的作用。

无损检测可发现试制产品肉眼所不能够检测出的缺陷信息，从而为改进工艺并最终确定理想的制造工艺提供依据。例如焊接工艺试验过程中各打底、焊接完成即焊后等环节射线检测，通过射线照相发现焊缝存在的缺陷及特点，可帮助修正并确定焊接及其热处理技术参数。又如，在进行铸造工艺设计时，通过射线照相探测试件的缺陷情况，可改进浇口和冒口的位置，最终确定合适的铸造工艺。

（2）保障质量。

在材料及设备结构制造安装过程中，许多重要的材料，结构或产品，为保证万无一失，只有采用无损检测手段，才能为质量提供有效保证。其也适应设备使用单位进行质量验收，以确保不合格产品流入生成环节。

1）检测灵敏度高，结果可靠。无损检测对缺陷检测灵敏度明显优于目视检测，且可实现内外部权限的检测，结果准确，因此在设备制造和安装的过程检验和最终质量检验中普遍采用。

2）可进行百分之百检验。无损检测不需损坏试件就能完成检测过程，因此能够对产品进行百分之百检验。

3）通过合理的抽检把控质量经济可行。产品质量特别是承压类设备焊接质量，主要靠合理的工艺和可靠执行工艺流程来保证，无损检测的重点应为监督工艺纪律的执行与发现工艺偏差和异常。在制造设备器材及工艺水平提高后可降低无损检测的比率，通过更精益的进行抽检来实现保障设备的制造安装质量。

（3）降低成本。

1）监督工艺纪律执行，通过检测发现缺陷后及时追查改进工艺环节问题，减少返工，降低废品率，可有效降低制造成本。同时无损检测监督工艺纪律执行，也起到了保证产品质量的作用。

如电站锅炉受热面管排安装焊接施工时，通过无损检测发现缺陷情况，及时分析追溯，发现施工环境、焊接设备、焊材及焊接人员不符合工艺标准问题，并有效改进，可明显提高施工质量并减少由于事件扩大造成的返修成本的增加。

2）通过合理安排检测时机，及时发现处理材料、结构及设备缺陷，可减少浪费。

如厚壁管间焊接，安排中间无损检测，可避免全部焊接完成后再检测发现根部缺陷返修，要花费许多工时或者很难修补所造成的浪费问题；大轴加工，选择在精加工前实施无损检测，对发现缺陷避开部位加工或不再加工，可节省大量加工费用。

（4）保障安全。

适应于使用环节。

1）设备结构在苛刻使用条件下长期运行材料会萌生裂纹并控制失效。例如由于高温和应力的作用导致材料蠕变；由于温度、压力的波动产生交变应力，使设备的应力集中部位产生疲劳；由于腐蚀作用使壁厚减薄或材质劣化等。上述因素有可能使设备中原来存在的，制造规范允许的小缺陷扩展开裂，或使设备中原来没有缺陷的地方产生这样或那样的新生缺陷，最终导致设备失效。

2）无损检测是发现设备结构早期裂纹的主要方法。为了保障使用安全，对一些使用环境恶劣，对人身和财产安全有较大影响的设备、构件，必须定期进行检验，以确保及时发现缺陷，避免事故发生，而无损检测则是定期检验的主要内容和发现缺陷最有效的手段。

3）无损检测还是评价设备结构使用剩余寿命的重要手段。

2. 无损检测应用特点

（1）正确选用实施无损检测的时机。

1）便于检测的原则。如锻件超声波探伤，一般要安排在锻造和粗加工后，钻孔、铣槽、精磨等最终机加工前进行，这是因为此时扫查面较平整，耦合较好，有可能干扰探伤的孔，槽、台还未加工出来，发现质量问题处理也较容易。

2）降低生产成本的原则。前文已述，不重复。

3）确保危险性缺陷最终被检出的原则。如要检查高强钢焊缝有无延迟裂纹，无损检测就应安排在焊接完成24h以后进行；要检查热处理后是否发生再热裂纹，就应将无损检测放在热处理之后进行。

（2）选用最适当的无损检测方法。

1）要根据检测材质、结构及可能产生的缺陷类型、部位选取合适的方法。如钢板分层缺陷因其延伸方向与板平行，就不适合射线检测而应选择超声波检测；检查工件表面细小的裂纹，就不应选择射线和超声波检测，而应选择磁粉和渗透检测。

2）要满足规程及设计文件要求。

3）在保证充分安全性的同时要保证产品的经济性。只有这样，无损检测方法的选择和应用才会是正确的、合理的，不能够片面追求产品的“高质量”。

（3）综合应用各种无损检测方法。

应用无损检测技术时，必须认识到任何一种无损检测方法都不是万能的，每种无损检测方法都有优缺点，因此需要取长补短，综合应用各种无损检测方法来达到以下目的。

1）防止漏检，并确保危险性缺陷被检出。

2）防止误判，对重要且难于处理的设备缺陷，需要综合应用多种方法互相验证。

3）处理决策及安全性评价时，需要综合应用多种方法获得更多缺陷信息。互相验证。

4）满足规程标准要求。如 TSG R0004—2009《固定式压力容器安全技术监察规程》规定：压力容器的对接接头应当采用射线检测或者超声检测，超声检测包括衍射时差法超声检测（TOFD）、可记录的脉冲反射法超声检测和不可记录的脉冲反射法超声检测；当采用不可记录的脉冲反射法超声检测时，应当采用射线检测或者衍射时差法超声检测作为附加局部检测。

（4）无损检测要与破坏性检测相配合。

虽然无损检测能在不损伤材料、工件和结构的前提下进行 100%检测，但是，并不是所有测试的项目和指标都能进行无损检测，某些试验只能采用破坏性检测，因此，目前无损检测还不能完全代替破坏性检测。也就是说，要对工件、材料、机器设备做出准确的评价，必须把无损检测的结果与破坏性检测的结果结合起来加以考虑。

1）无损检测不能够发现微观组织缺陷。如锅炉合金钢管子焊缝，有时要切取试样做金相和断口检验来对焊接组织和微观缺陷进行补充检测。

2）无损检测一般只能够进行局部检测。如为判断液化石油气钢瓶的适用性，除完成无损检测外还要进行爆破试验；承压类设备完成定期检验后，还应进行超压试验。

4.1.3 承压类特种设备无损检测标准

承压类特种设备无损检测执行的标准是 NB/T 47013—2015《承压设备无损检测》。该检测标准共分为 13 个部分：

——第 1 部分：通用要求；

——第 2 部分：射线检测；

——第 3 部分：超声检测；

——第 4 部分：磁粉检测；

——第 5 部分：渗透检测；

——第 6 部分：涡流检测；
——第 7 部分：目视检测；
——第 8 部分：泄漏检测；
——第 9 部分：声发射检测；
——第 10 部分：衍射时差法超声检测；
——第 11 部分：X 射线数字成像检测；
——第 12 部分：漏磁检测；
——第 13 部分：脉冲涡流检测。

适用于金属材料制锅炉、压力容器（固定式、移动式）及压力管道原材料、零部件和设备的制造安装检测，也适用于在用金属材料制锅炉、压力容器（固定式、移动式）及压力管道的检测。与锅炉、压力容器（固定式、移动式）及压力管道有关的支承件和结构件，如有要求也可参照该标准进行检测。

4.2　常用无损检测方法介绍

射线检测（Radiology Testing，RT），在工业上有着非常广泛的应用。检测用射线是一种肉眼不可见的高能量电磁波，它能够穿透物体的同时将和物质发生复杂的物理和化学作用，如果工件局部区域存在缺陷，它将改变物体对射线的衰减，引起透射射线强度的变化，这样，采用一定的检测方法，比如利用胶片感光，来检测透射线强度，就可以判断工件中是否存在缺陷以及缺陷的位置、大小。

4.2.1　射线检测基础知识

射线是一种电磁辐射，射线的频谱范围全部在电磁波谱之内。在射线检测中应用的射线主要是 X 射线、γ射线和中子射线。

X 射线又称伦琴射线，是射线检测领域中应用最广泛的一种射线，它的频率范围在 3×10^{9}～5×10^{14}MHz 之间。

γ射线是一种波长比 X 射线更短的射线，它的波长范围在 0.003～1Å 之间，它的频率范围 3×10^{12}～5×10^{16}MHz 之间。它是由放射性同位素的原子核在衰变中产生的。放射性同位素分天然和人工放射性同位素两种，它们在进行 a 衰变或 b 衰变的同时放射出γ射线。

中子射线是一种类似于 X 射线的辐射，它是由某些物质的原子在裂变过程中逸出高速中子所产生。它的波长与热平衡的绝对温度有关。在热中子射线中

0℃和 10℃时的波长分别为 1.52Å 和 1.30Å。中子射线与物质的相互作用不同于 X 射线和γ射线，它容易穿透某些高原子序数的材料而难于穿透某些低原子序数的材料，适用于一些特殊材料和场合。

根据承压设备无损检测第二部分（NB/T 47013.2），射线检测使用 X 射线和γ射线两种射线源，即由 X 射线机和加速器产生的 X 射线和由 Co60、Ir192、Se75、Yb169 和 Tm170 射线源产生的γ射线。

1. 射线照相法原理。

（1）X 射线的产生原理。

经典电动力学指出，带点粒子在加速或减速时必然伴随电磁辐射，当高速带点粒子与原子相碰撞发生突然减速时会产生辐射即 X 射线。如图 4–1 所示 X 射线管产生射线原理：具有阴、阳两极的真空电子管，两极间可加高电压（即管电压）；当阴极钨丝被加热到白炽状态并释放大量电子，电子在高压电场中被加速，从阴极飞向阳极靶并形成电子束管电流，高速电子撞击阳极的金属靶时失去所有动能，动能大部分转换为热量，极少一部分能量会转换为 X 射线。

电子的速度越高能量转换时产生的 X 射线的能量越大。由于施加于 X 射线管的高压是脉动直流电压，到达阳极的电子速度各不相同，并且电子与阳极靶的碰撞情况也各不相同，少数电子经过一次碰撞运动即阻止，而大多数电子要进行多次碰撞，速度逐渐降低直至停止。因此碰撞过程中转换的 X 射线的能量不同，波长有长有短，所以 X 射线管发出的 X 射线束是如图 4–2 所示，由两部分组成的 X 射线谱：即波长呈连续分布射线的连续谱和波长特定的标识谱。特征谱的波长取决于靶材料本身原子序数。

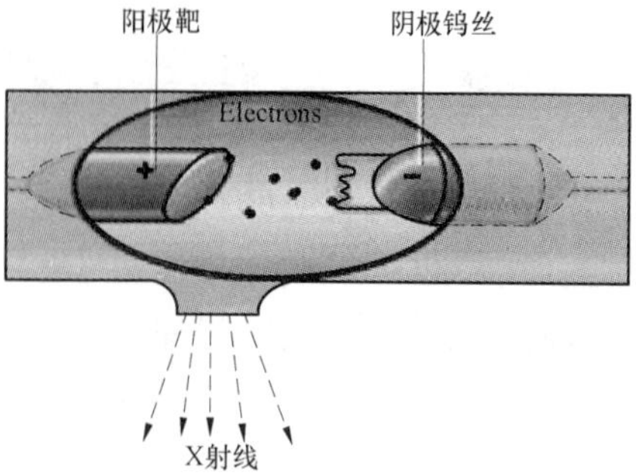

图 4–1　射线管示意图

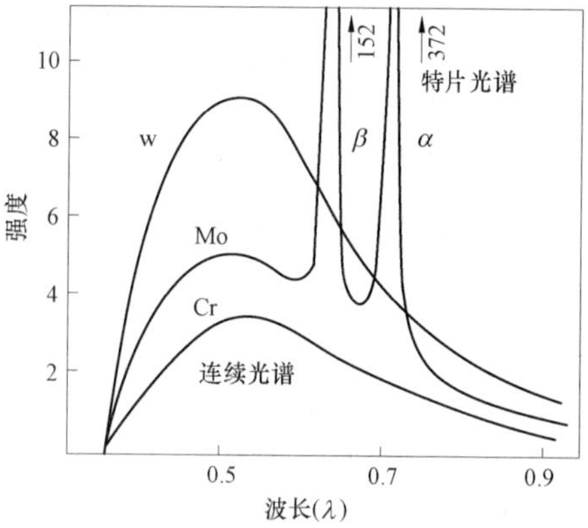

图 4–2　X 射线连续及标识谱示意图

由 X 射线管所发出的连续 X 射线的最短波长λ_{min}及连续 X 射线的总强度 I_T 与管电流 Å、管电压 V、靶原子序数 Z 的关系如式（4–1）和式（4–2）所示：

$$\lambda_{min}=12.4/V（Å） \quad (4\text{–}1)$$

$$I_T=K_iZV^2 \quad (4\text{–}2)$$

（2）γ射线的产生原理。

γ射线是放射性同位素经过 α 衰变或 β 衰变后，在激发态向稳定态过渡的过程中，从原子核内发出的，这一过程称作 γ衰变，又叫 γ跃迁。γ跃迁与原子的核外电子的跃迁一样，放出光子，光子的能量等于跃迁前后两能级能值之差。不同的是，原子的核外电子跃迁放出光子能量在几 eV 到几千 eV 之间，而核内放出的光子能量在几千 eV 到十几 MeV 之间。如 Co60 经过一次 β–衰变为处于 2.5MeV 激发态的 Ni60，随后放出能量为 1.17MeV 和 1.33MeV 的两种 γ射线。放射性同位素的能量不随时间改变，但其强度会随时间延长而减小。半衰期是放射性核的一个重要参数，半衰期的定义：放射性同位素原子核数（或强度）衰变到一半时所需的时间称为该同位素的半衰期。能满足能量和半衰期条件的常用的放射源及其性能如表 4–1 所示。

表 4–1　　常用放射性同位素源性能参数

γ射线	钴 60（Co60）	铱 192（Ir192）	硒 75（Se75）	镱 169（Yb169）	铥 170（Tm170）
半衰期	5.3 年	74 天	120 天	129 天	128 天
能量（McV）	1.25	0.355	0.2	0.156	0.072
适用透照钢厚度范围（mm）	30～200	20～100	10～40	10～15	≤5

（3）射线与物质的相互作用。

X 射线和γ射线通过物质时，将产生四种效应即光电效应、康普顿效应、电子对效应和瑞利效应，其强度逐渐减弱。射线强度的衰减由式（4–3）表示：

$$I = I_0 e^{-\mu T} \quad (4\text{–}3)$$

式中 I——通过物体后的射线强度；

I_0——未通过物体前的射线强度；

μ——物质的衰减系数；

T——物体厚度。

X 射线和γ射线的强度减弱，一般认为是由光电效应引起的吸收、康普顿效应引起的散射和电子对效应引起的吸收三种原因造成的。式（4–3）中，μ称为衰减系数，它随射线的种类和线质的变化而变化，也随穿透物质的种类和密度而变化。对 X 射线和γ射线来说，假如穿透物质相同，射线能量越高衰减系数μ就越小；假如能量相同，则穿透物质的原子序数越大，则衰减系数μ越大，反之亦然。

（4）射线感光成像。

射线如同可见光一样，能使胶片感光。射线穿透被检查材料，使胶片产生潜影，经过显影，定影化学处理后胶片上的潜影成为永久性的可见影像，称为射线底片（简称为底片）。底片上的影像是由许多微小的黑色金属银微粒所组成，影像各部位黑化程度大小与该部位含银量多少有关，含银量多的部位比含银量少的部位难于透光，底片黑化程度通常用黑度（或称光学密度）D表示。

$$D = \lg(L_0 / L) \qquad (4–4)$$

式中 D——底片的黑度；

L_0——透过底片前的光强；

L——透过底片扣的光强。

因为 X 射线或γ射线使卤化银感光作用比普通光线小得多，所以必须使用特殊的 X 射线胶片。这种胶片的两面都涂敷了较厚的乳胶。此外，还使用一种能加强感光作用的增感屏。增感屏通常用铅箔做成。

射线照相法的原理如图 4–3 所示，射线在穿透物体过程中发生相互作用，因吸收和散射使强度减弱，各部位射线强度的减弱程度取决于穿过物质的衰减系数

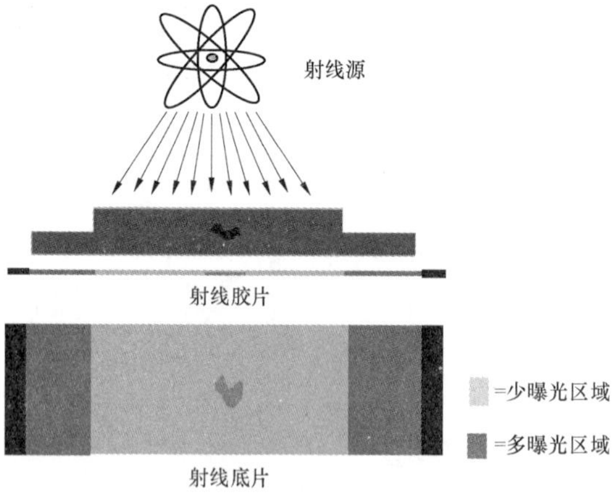

图 4–3 射线检测原理示意图

和厚度。如果被透照试件局部存在缺陷，由于缺陷物质的衰减系数不同于试件，则该局部区域透过射线的强度就会与周围产生差异。可用胶片记录射线照射强度的差异，即通过辨识底片的黑度差来发现缺陷。图 4–4 为现场 X 实现检测及发现裂纹射线底片。

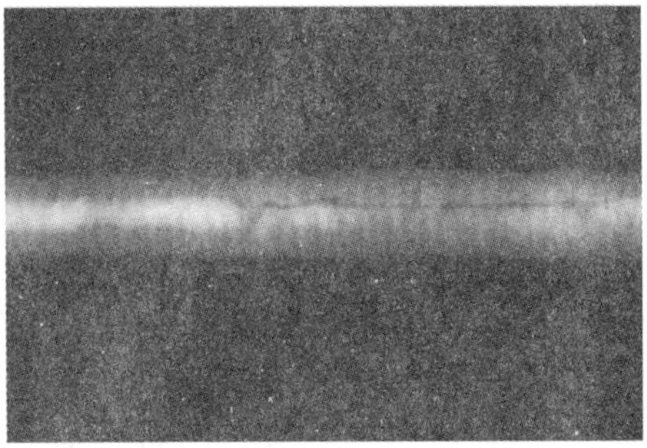

图 4–4　现场射线检测及裂纹底片示意图

2. 射线检测设备及器材

（1）射线检测设备。

射线照相设备可分为：X 射线探伤机；高能射线探伤设备；γ射线探伤机三大类。

1）X 射线探伤机。

按 X 射线机的结构划分为携带式 X 射线机、移动式 X 射线机。携带式 X 射线机体积小、质量轻，适用于野外、高空作业，管电压一般小于 320kV，最大穿透厚度约 50mm；移动式 X 射线机体积和质量都较大，能量大，管电流连续可调，工作效率高，适用于中、厚板结构件的检测，最大穿透厚度可达 100mm。

2）高能射线探伤设备。

能量在 1MeV 以上的 X 射线被称为高能射线。工业检测适用的高能射线大多数是用过电子加速器获得的。工业射线照相通常适用的两种是直线加速器、电子回旋加速器。其中直线加速器可产生大剂量射线，效率高，透照厚度大，目前应用最多。

3）γ射线探伤机。

γ射线探伤机因射线源体积小，不需电源，可在狭窄场地、高空、水下工作，并可全景曝光等特点，已成为射线探伤重要的和广泛使用的设备。但使用γ射线探伤机必须特别注意放射防护和放射同位素的管理。

工业γ射线探伤主要使用便携式 Ir192γ射线探伤机、Se75γ射线探伤机和移动式 Co60γ射线探伤机。γ射线探伤设备大体可分为五个部分：源组件、探伤机机体、驱动机构、输源管和附件。

（2）主要器材。

主要有胶片、增感屏、像质计、黑度计及胶片暗室处理设施和透照辅助器件、评片工具等。

3. 射线检测工艺要点

（1）射线检测工艺的一般步骤。

1）根据被检的工件状况、检测设备及相关标准规范制订工艺规程和操作指导书。

2）根据工艺规程、操作指导书等划定检测位置并编号，检查被检工件外观是否符合检测要求。

3）照片：根据工艺规程、操作指导书实施射线照相。

4）洗片：曝光后的胶片在暗室中进行显影、定影、水洗和干燥。

5）评片：将干燥的底片放在观片灯的显示屏上观察，根据底片的黑度和图像来判断存在缺陷的种类、大小和数量。随后按通行的标准，对缺陷进行评定和分级。

6）出具射线检测报告。

（2）射线检测工艺要点。

影响射线检测质量的工艺因素很多，包括透照方式、透照方向、透照厚度比、射线源到被检工件表面的距离、射线能量的选择、胶片的选择、曝光量等。

射线照相对比度是指射线底片上有缺陷部分与无缺陷部分的黑度差。用ΔD表示：

$$\Delta D = D_1 - D_2 = 0.434\mu G\Delta T / (1+n) \tag{4–5}$$

式中 μ——材料的吸收系数；

G——胶片梯度；

ΔT——缺陷的厚度；

n——散射比。

从式（4–5）可以看出，如果所选择的检测工艺规范，使μ值大（较低的 X 射线管电压或能量较低的γ射线源），G 值大（高梯度的胶片种类或较大黑度），n 值小（恰当的防护措施），则所得的缺陷图像的对比度就高。

为得到高的缺陷检出率，射线检测工艺规范的选择应注意以下几点：

1）透照方式的选择。对接焊缝射线照相的常用透照布置方式如图 4–5 所示。其中，单壁透照是最常用的透照方法，双壁透照一般用在射线源或胶片无法进入内部的小直径容器和管道的焊缝透照，双壁双影法一般只用于直径在 100mm 以下的管子的环焊缝透照。

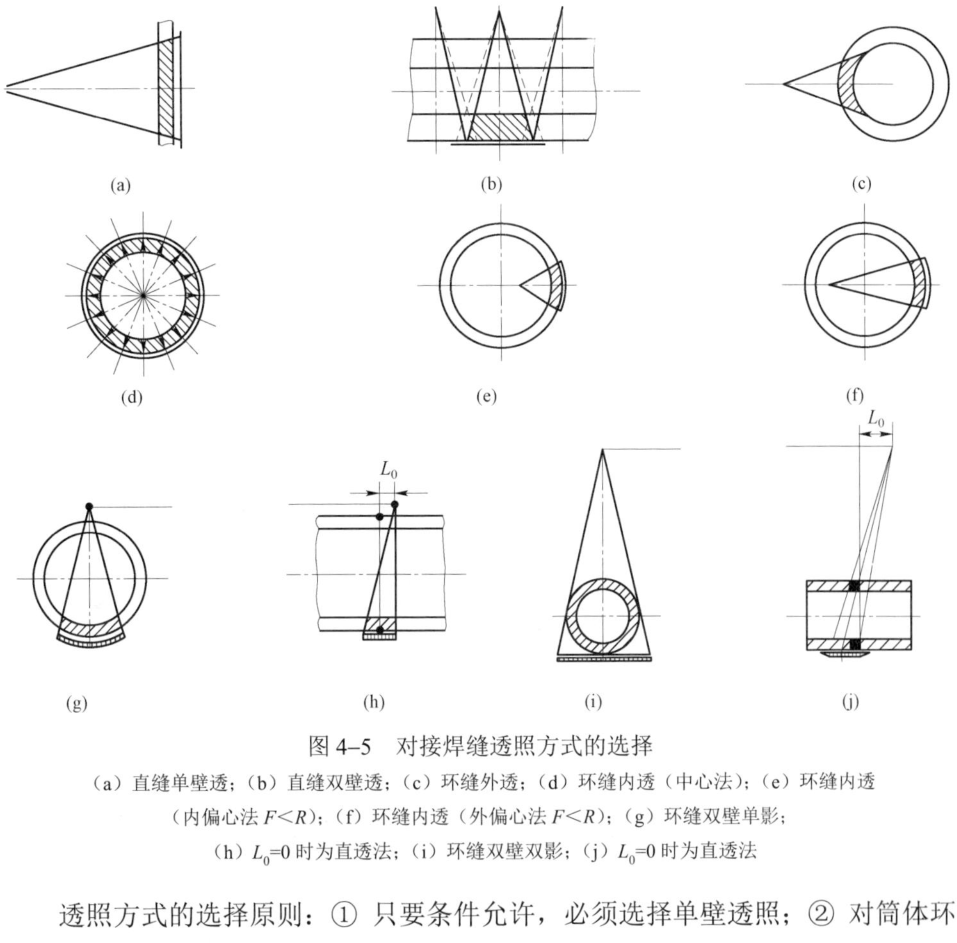

图 4–5　对接焊缝透照方式的选择

（a）直缝单壁透；（b）直缝双壁透；（c）环缝外透；（d）环缝内透（中心法）；（e）环缝内透（内偏心法 $F<R$）；（f）环缝内透（外偏心法 $F<R$）；（g）环缝双壁单影；（h）L_0=0 时为直透法；（i）环缝双壁双影；（j）L_0=0 时为直透法

透照方式的选择原则：① 只要条件允许，必须选择单壁透照；② 对筒体环焊缝应尽量采用中心内透法；③ 一次透照长度和焦距相同的情况下，内透法优于外透法；④ 根据缺陷检出的特点选择透照方式，如内表面裂纹要采用外透法。

2）K 值控制（确定一次透照长度）。如图 4–6 所示，透照厚度比 K 及横向裂纹检出角 θ 可由式（4–6）、式（4–7）计算得到。

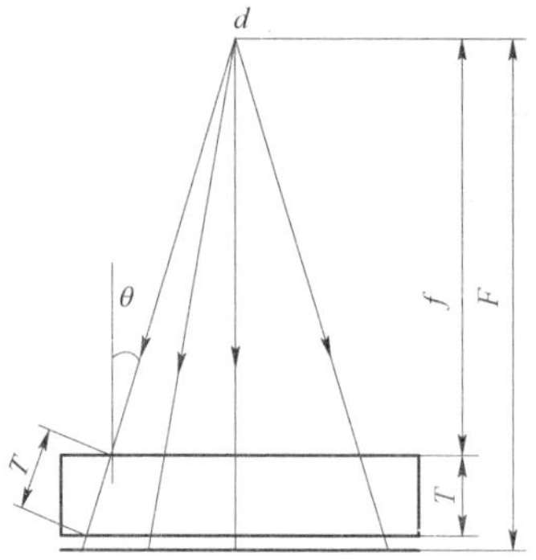

图 4–6　焊缝透照厚度比示意图

$$K = T' / T \tag{4–6}$$

$$\theta = \arccos(1/K) \tag{4–7}$$

过大的横向裂纹检出角θ可能导致横向裂纹漏检，NB/T 47013.2 规定：对于 A 级和 AB 级，纵缝的 K 值不得大于 1.03，环缝的 K 值不得大于 1.1。限制透照厚度比，也就间接控制θ。采用源在内的透照方式，其角θ比源在外方式小得多，尤其是源在中心的内透法（K=1，θ=0），是最佳透照方式。

3）射线源的选择。选择射线源的首要因素是射线源所发出的射线对被检工件具有足够的穿透力，射线能量越大，其穿透力越强，即可透照的工件厚度越大。同时，射线能量增高，衰减系数减小，底片对比度降低，固有不清晰度增大，底片颗粒度也增大，使得射线照相灵敏度下降。选择能量较低的射线可以获得较高的对比度，却意味着较低的透照厚度宽容度，对于透照厚度较大的工件将产生很大的底片黑度差，底片黑度值超出允许范围。所以在满足透照工件厚度条件下，应根据材质和成像质量要求，尽量选择较低的能量。对于 X 射线源来讲，穿透力取决于管电压。管电压越高则射线的穿透厚度越大，在工件中的衰减系数越小，灵敏度下降，故 X 射线的选择规定了选择上限。对γ射线源来讲，穿透力取决于射线源的种类。由于射线源发出的射线能量不可改变，而用高能射线透照薄工件时，会出现灵敏度下降的现象，因此对于源的选择不仅规定了透照厚度的上限，也规定了透照厚度的下限。

4）透照距离的选择。射线源到胶片的距离称之为焦距，焦距越大，几何不清晰度越小，在选择透照距离时，应将焦距选得大一些。但是由于射线的强度 I 与焦距 F 的平方成反比，所以不能把焦距选得过大，否则透照时，射线强度将不够，造成透照时间长，降低效率，增加成本，所以，焦距应在满足几何不清晰度要求的前提下合理选择。

5）曝光量的选择。曝光量可定义为射线源发出的射线强度与照射时间的乘积。

曝光量不仅影响影像的黑度，而且影响影像的对比度、颗粒度以及信噪比，从而影响底片上可记录的最小细节的尺寸。为保证射线照相质量、曝光量应不低于某一最小值。一般情况下X射线照相的曝光量选择15mA·min以上。

6）胶片、增感屏的选择。胶片分为C1～C6六类，C1为最高类别，一般应采用C5类或更高类别胶片，要求高的检测应采用C4以上类别胶片。通常照相时是将厚度为0.03～0.2mm的铅箔增感屏与非增感型胶片一起使用，铅增感屏可提高感光度2～5倍。

7）底片黑度控制。黑度D一般规定为2.0～4.5的范围内，黑度D值增大，胶片G值也增大，因此一般来说，应使底片黑度D大些，但若黑度大于4.5，观片灯有时就不容易看清了，所以底片黑度也不宜太大。

（3）像质计的使用。

像质计是用来检查评定透照技术和胶片处理质量的，可起到标示检测灵敏度、监视底片照相质量的作用。需要注意的是，底片显示的像质计最小金属线直径并不等于工件中所能发现的最小缺陷尺寸，即像质计灵敏度并不等于自然缺陷灵敏度。但像质计灵敏度越高，则表示底片影像的质量水平越高，因而也能间接地定性反映出射线照相对最小自然缺陷的检出能力。

（4）底片评定。

评片是射线照相最后一道工序，也是最重要的一道工序。要保证底片评定质量，必须确保底片、设备环境和人员条件满足规定要求。

1）对底片质量的要求，主要有以下三项：

① 黑度：A级$1.5 \leqslant D \leqslant 4.5$；AB级$2.0 \leqslant D \leqslant 4.5$；B级$2.3 \leqslant D \leqslant 4.5$。

② 像质指数：底片上显示出的最小线径的像质指数应满足透照厚度规定达到的像质指数。

③ 各种标记要齐全。

2）环境设备条件要求：应有专门评片场所，评片室光线应暗且柔和；观片灯应有足够的亮度；放大镜、评片尺等器具要齐全好用。

3）人员条件要求：应经过培训考核合格并具有经验，个人职业道德、责任心及视力等条件要满足要求。

4. 射线的安全防护

（1）防护的目的及基本原则。

1）目的：防止自己及他人不必要的剂量伤害，限制剂量至可以接受水平。

2）三个基本原则：

① 辐射实践的正当化，即辐射所致的危害同社会和个人从中获得的利益相比是可以接受的。

② 辐射防护的最优化，即应当避免一切不必要的照射，在考虑经济和社会因素的条件下，应达到尽可能低的水平，不能以个人个人剂量限值作为设计和安排工作的唯一依据，设计防护的真正依据应是防护最优化。

③ 个人剂量限值，运用剂量限值规定对个人所受照射加以限制。

以上三个原则有机统一，在实际工作中应同时予以考虑。

（2）辐射安全防护要求。

1）辐射防护应符合 GB 18871、GBZ117 和 GBZ132 的有关规定；

2）检测现场应按规定划定控制区和管理区、设置警告标志；检测人员应佩戴个人剂量计并携带剂量报警仪。

（3）射线防护方法。

主要的防护措施有以下三种：时间防护、距离防护和屏蔽防护。

1）时间防护。在具有特定剂量率的区域里工作的人，其累积剂量正比于他在该区域内停留的时间。在照射率不变的情况下，照射时间越长，工作人员所接受的剂量就越大。为了控制剂量，有时一项工作需要几个人来接替完成；确保每个工作人员均在允许的剂量水平下完成操作，达到安全的目的；对于个人来说，这就要求操作熟练，动作尽量简单迅速，减少不必要的照射。

2）距离防护。照射剂量或剂量率与离源的距离平方成反比。增大与辐射源间距离可以降低受照剂量。野外作业，距离防护是一种最为简单有效且易行的方法。

3）屏蔽防护。在实际工作中，当人与辐射源之间的距离无法改变，而时间又受到工艺操作的限制时，在人与辐射源之间加一层足够厚的屏蔽物，把外照射剂量减少到容许剂量水平以下，如专用曝光室和流动铅房，个人防护眼镜及衣具，野外作业躲避在一些建筑设施后面等措施，是典型的屏蔽防护手段。

以上三种防护方法，各有其优缺点，在实际探伤过程中，可根据当时的条件选择。为了得到更好的效果，往往是三种防护方法同时使用。

5. 关于射线照相法特点

射线检测的优点和局限性概括如下：

优点：X 射线检测成像直观、照相底片可以长时间的保存，对薄壁工件检测灵敏度较高。对体积状缺陷敏感，缺陷影像的平面分布真实、尺寸测量精确。对工件表面光洁度没有严格要求，材料晶粒度对检测结果影响不大，可以适用于各种材料内部缺陷检测。所以在承压类特种设备的焊接质量检验中得到广泛应用。

缺点：对面状缺陷不敏感，射线源昂贵，射线检测成本高，射线对人体有害，防护成本更高。射线照相法底片评定周期较长，对厚壁工件检测灵敏度低。

4.2.2 超声波检测基础知识

超声波检测（Ultrasonic Testing，UT）是无损检测的主要方法之一，应用十分广泛。超声波是一种机械波，机械振动与波动是超声检测的物理基础。超声检测中主要涉及几何光学和物理声学中的基本定律和概念，如几何声学中的反射、折射定律及波形转换，物理声学中的波的叠加、干涉、绕射及惠更斯原理等。

超声波在被检材料中传播时，材料的声学特性和内部组织的变化对超声波的传播产生一定的影响，通过对超声波受影响程度和状况的探测了解材料性能和结构的变化的技术称为超声检测。NB/T 47013.3 超声检测是指采用 A 型脉冲反射式超声检测仪检测工件缺陷的无损检测技术。

1. 超声检测原理

（1）超声检测物理基础。

1）机械波的概念。物体沿着直线或曲线在某一平衡位置附近作往复周期性的运动称为机械振动；振动是往复、周期性的运动，振动的快慢常用振动周期和振动频率两个物理量来描述。振动的传播过程称为波动；波动分为机械波和电磁波两大类，机械波是机械振动在弹性介质中的传播过程（如水波、声波、超声波），电磁波是交变电磁场在空间的传播过程。

机械波的产生和传播：产生机械波必须具备两个条件，一是要有作机械振动的波源；二是有有能传播机械振动的弹性介质。波动是振动状态的传播过程，也是振动能量的传播过程。

波长与频率和波速的关系：$\lambda = c / f$

波长λ：同一波线上相邻两振动相位相同的质点间的距离，称为波长，单位为 mm；

频率 f：波动过程中，任一给定点在一秒内所通过的完整波的个数，称为波动频率，单位为 MHz；

波速 c：波在单位时间内所传播的距离为波速，单位为 km/s。

2）超声波与声波、次声波。

超声波、声波与次声波都是在弹性介质中传播的机械波。人们把能引起听觉的机械波称为声波，频率范围在 20～20 000Hz。频率低于 20Hz 的机械波称为次声波，频率高于 20 000Hz 的机械波称为超声波。

对于钢等金属材料的超声检测，常用频率为 1～5kHz。

超声波频率高，波长短，其指向性好，犹如手电筒发出的声束，可以在黑暗中找到物品一样在材料中发现缺陷；

超声波能量高，穿透能力强，超声波在大多数介质中传播时，能量损失小，传播距离大，在一些金属材料中其穿透能力可达数米；

超声波能在界面上产生反射、折射和波形转换，在 A 型脉冲反射式超声检测中就利用了其几何声学的特性。

3）波的类型及声速。

① 根据波动传播时介质质点的振动方向相对于传播方向的不同，超声检测常用的波形有纵波、横波、表面波及板波。各型波传播特点见表 4–2。

表 4–2　　超声检测常用波形传播特点

波形	质点振动与传播方向关系	传播介质
纵波	质点振动方向与波的传播方向互相平行	固体和液体、气体
横波	质点的振动方向与波的传播方向互相垂直	固体
表面波	质点椭圆振动，短轴方向平行于传动波方向	固体表面
板波	波传播方向质点椭圆振动	在厚度为几个波长的薄板中传播

② 声速。声波在介质中是以一定的速度传播的，声速是由传播介质的弹性系数、密度以及声波的种类决定的，它与波形有关，与频率和晶片没有关系。常见几种介质中的声速如表 4–3 所示。

表 4–3　　声　速　表

介　质	纵波（km/s）	横波（km/s）
铝	6.26	3.10
钢	5.90	3.23

续表

介　　质	纵波（km/s）	横波（km/s）
水	1.5	不传横波
油	1.4	不传横波
甘油	1.9	不传横波

横波的声速大约是纵波声速的一半，而表面波声速大约是横波的 0.9 倍。

4）波束指向性。声束集中向一个方向辐射的性质，叫做声波的指向性。探伤采用高频超声波，其理由之一就是它具有较好的指向性。如图 4–7 所示，θ为指向角。此外，晶片发出的超声波，在一定范围内，我们认为其声束是不扩散的，叫未扩散区。未扩散区以外称为扩散区。

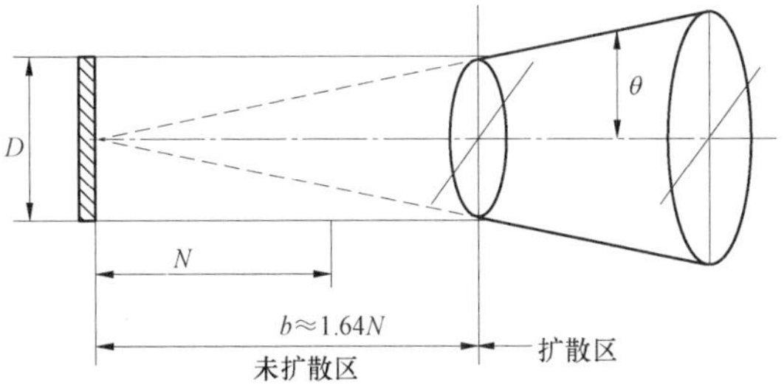

图 4–7　声束的指向性

5）界面的反射、透射和折射及波型转换。

当超声波传到缺陷、被检物底面或者异种金属结合面，即两种不同声阻抗的物质组成的界面时，会发生反射。

① 垂直入射时的反射和透射。当超声波垂直地传到界面上时，一部分超声波被反射，而剩余的部分就透射过去。反射和透射声波的比例，与组成界面的两种介质声阻抗有关。

② 斜射时的反射和折射。当超声波斜射到界面上时，在界面上会产生反射和折射。当介质为液体、气体时，反射波和折射波只有纵波。

如图 4–8 所示，当界面两侧均为固体时，除产生同类型的反射和折射外，还会产

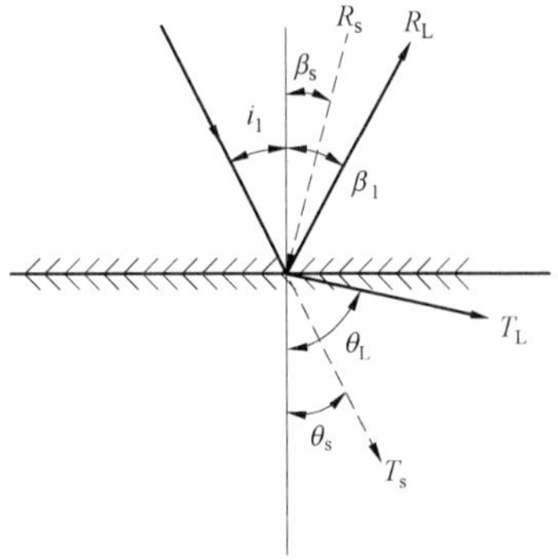

图 4–8　超声波斜入射时的反射和折射

i—入射角；θ—折射角；β—反射角；

R—反射波；T—折射波

生不同类型的反射和折射波，发生波型转换，纵波入射时会同时产生纵波和横波的反射和折射，反之，亦然。此时，反射角和折射角是由两种介质中的声速来决定的，符合反射、折射定律计算公式：

$$\frac{\sin i_1}{C_1}=\frac{\sin \theta_L}{C_{L2}}=\frac{\sin \theta_s}{C_{s2}}$$

式中 i_1 ——入射角；

C_1 ——入射波声速；

θ_L ——纵波折射角；

C_{L2} ——第二介质的纵波声速；

θ_s ——横波折射角；

C_{s2} ——第二介质的横波声速。

6）超声波产生和接收原理。

工业探伤用的高频超声波，是通过压电换能器产生的，压电换能器由压电材料制成；常用的压电材料主要有石英、钛酸钡、锆钛酸铅和偏铌酸铅等；将其切成能在一定频率下共振的晶片，晶片两面都镀上银，作为电极，当脉冲电压施加于此类晶体材料时，晶片就会在振动，产生超声波；当超声波遇到界面会产生反射，反射回晶片的超声波又使晶片振动，继而在压电晶片两端产生电压，接收超声波。

通常在超声波检测中只使用一个晶片，这个晶片既作发射又作接收。也有采用双晶片的双晶探头。如图 4–9 所示，超声波检测中，通常用直探头来产生纵波，纵波是向探头接触面相垂直的方向传播的，横波通常是用斜探头，晶片在探头内产生纵波，斜入射到被检工件界面发生波型转换成横波。

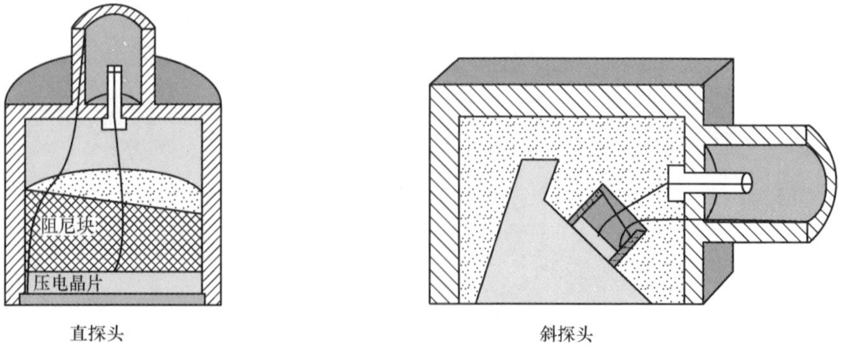

图 4–9　常见探头示意图

（2）A 型脉冲反射式超声检测原理。

利用超声波进行检测，应用十分广泛。目前用得最多的是 A 型脉冲反射法，垂直探伤时用纵波，斜入射探伤时大多用横波。两种方法各有用途，互为补充，纵波探伤容易发现与探测面平行或稍有倾斜的缺陷，主要用于钢板、锻件、铸件的探伤，而斜入射的横波探伤，容易发现垂直于探测面或倾斜较大的缺陷，主要用于焊缝的探伤。

1）垂直发射探伤法。

垂直检测法原理如图 4–10 所示。当把脉冲振荡器发生的电压加到晶片上时，晶片振动，产生超声波脉冲。超声波以固定速度在工件内传播，碰到缺陷时，一部分从缺陷反射回到晶片，而另一部分未碰到缺陷的超声波继续前进，一直到被检物底面才反射回来。缺陷处反射的超声波先回到晶片，底面反射的超声波后回到晶片。回到晶片上的超声波又反过来被转换成高频电信号。电信号被接收和放大后进入示波器。示波器将缺陷回波和底面回波显示在荧光屏上。

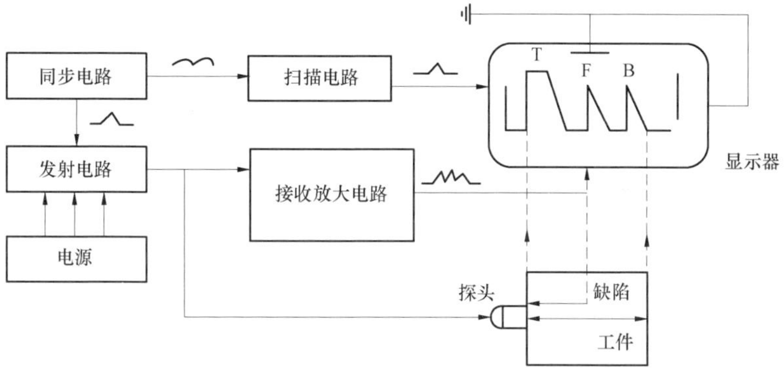

图 4–10　脉冲反射法的原理图

在时基线的始端出现一个很强的脉冲波，这个波称为“始波”，用 T 表示；当探头接收到底面反射回来的声波时，时基线上右边相应呈现一个表示底面反射的脉冲波，称为“底波”，用 B 表示。时基线由 T 扫描到 B 的时间正等于超声脉冲从探头到底面又返回探头的传播时间。从 T 到 B 之间的距离代表了工件的厚度。工件中有缺陷时，探头接收到缺陷反射回来的声波时，时基线上相应呈现出一个代表缺陷的脉冲波，称为“缺陷波”，用 F 表示。缺陷波所经时间短于底波所经时间，故缺陷波 F 应处于始波 T 与底波 B 之间。这样可以利用 T、F、B 之间的距离关系，对缺陷定位。

另外，因缺陷回波高度 h_f 是随缺陷尺寸的增大而增高的，所以可由缺陷回波高度 h_f 来估计缺陷大小。当缺陷很大时，可以移动探头，按显示缺陷的范围来求出缺陷的延伸尺寸。

2）斜反射探伤法。

倾斜入射横波检测法原理如图 4–11 所示。其探伤方式为：当斜探头在探伤面移动时，无缺陷处示波屏上只有始波 T，如图 4–11（a）所示，这是因为声束倾斜入射至底面产生反射后，在工件内以“W”形路径往前传播，故没有底波出现；当工件存在缺陷而缺陷与声束垂直或倾斜角很小时，声束会被反射回来，此时示波屏上将显示出始波 T 和缺陷波 F，如图 4–11（b）所示；当斜探头接近端板时，声束将被端角反射回来，在示波屏上将出现始波 T 和端板回波 B，如图 4–11（c）所示。

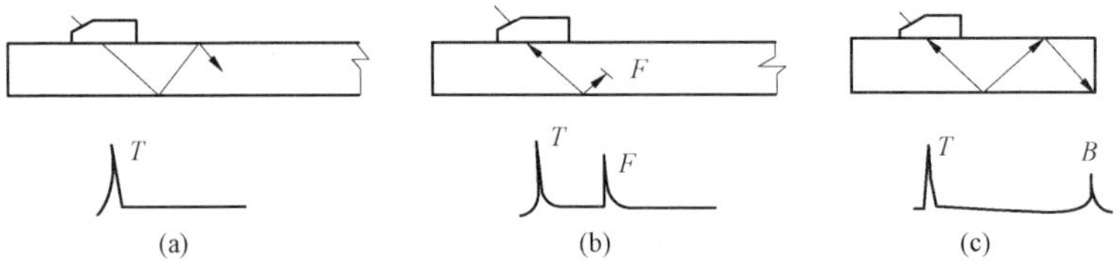

图 4–11　斜射法探伤

（a）无缺陷回波；（b）有缺陷回波；（c）端板回波

2. 超声波检测设备与器材

（1）超声波探伤仪。

超声波探伤仪按仪器指示参量可分三类：指示声穿透能量的穿透式检测仪、指示频率的可调频率驻波共振测厚仪及指示脉冲波幅度和运行时间的脉冲波检测仪。

超声波探伤仪根据信号处理技术可分为模拟式和数字式超声波检测。

目前广泛使用的是可预置各种探头参数通道并储存数据波形数据的数字式脉冲发射式超声波检测仪器，常用的型号有友联 UnionPXUT–330 型、武汉中科 HS616 型，如图 4–12 所示。

（2）探头。

前文已进行过介绍，此处不再详述。

（3）试块。

1）试块的用途。

试块在超声探伤中的用途主要有三方面：

① 用于评定和校准超声检测设备，即用于仪器探头系统性能校准。

② 确定探伤灵敏度和评价缺陷大小。

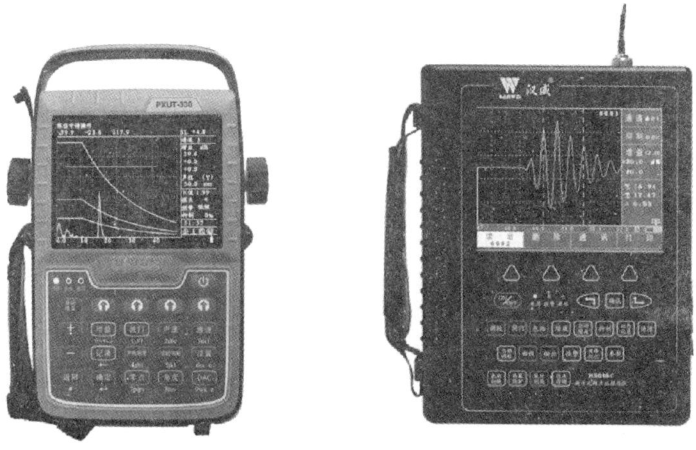

(a) (b)

图 4–12 数字超声波探伤仪

（a）友联 UnionPXUT–330 型；（b）武汉中科 HS616 型

③ 确定合适的探伤方法。

2）试块的种类。

按 NB/T 47013.3 规定，根据试块的用途，试块可分为两大类：标准试块和对比试块。

标准试块是指具有规定的化学成分、表面粗糙度、热处理及几何形状的材料块，用于评定和校准超声检测设备，即用于仪器探头系统校准的试块，如 CSK–IA、DZ–I 和 DB–P Z20–2。

对比试块是指与被检件化学成分相似，含有意义明确参考反射体（反射体应用机加工方式制作）的试块，用以调节超声检测设备的幅度和声程，以将所检出的缺陷信号与已知反射体所产生的信号相比较，即用于检测校准的试块。如 CSK–ⅡA–1 试块，也可根据检测对象特点，设计加工对比试块。

（4）耦合剂。

常用的耦合剂有水、甘油、机油、化学浆糊等尺寸。

3. A 型脉冲反射式超声波检测工艺要点

（1）探伤时机的选择。例如，为减小粗晶粒的影响，电渣焊焊缝应在正火处理后探伤；为估计锻造后可能产生的锻造缺陷，应在锻造全部完成后对锻件进行探伤。

（2）检测面的选择和准备。检测面的选择首先要考虑缺陷的最大可能取向；

其次是检测面的选择应与检测技术的选择相结合；同时应根据标准要求选择检测面。

为保证检测面能提供良好的声耦合，进行超声检测前应目视检查工件表面。

（3）仪器、探头的选择。

根据检测要求和现场条件选择性能好、重复性好和可靠性高的仪器。

超声检测中超声波的发射和接收都是通过探头来实现的。检测前应根据检测要和标准要求来选择探头。探头的选择包括探头的型式、频率、带宽、晶片尺寸和横波斜探头 K 值等。

（4）耦合剂的选用。耦合剂的作用在于排除探头与工件间的空气，使超声波声能有效传入工件达到检测目的，同时还能减少探头与工件的摩擦。

（5）仪器调整及灵敏度的调整。

（6）进行粗探伤和精探伤。以较高的灵敏度进行全面扫查，称为粗探伤。对粗探伤发现的缺陷进行定性、定量、定位，就是精探伤。

（7）检验报告。根据有关标准，对探伤结果进行分级、评定，写出检验报告。

4. A 型脉冲反射式超声波检测特点

（1）超声波检测的优点：

1）面积型缺陷的检出率较高，检测裂纹和未熔合等危险性缺陷优于射线照相。

2）应用范围广，可用于各种试件特别是检测厚度较大的工件。

超声波探伤应用范围包括对接焊缝、角焊缝、T 形焊缝、板材、管材、锻件以及复合材料等，板材、管材、棒材、锻件以及复合材料的内部缺陷检测超声波是首选方法。

超声波对钢有足够的穿透能力，检测直径达几米的锻件，厚度达几百毫米的焊缝并不太困难。因此相对于射线检测来说，超声波更加适合检验厚度较大的工件。

3）缺陷在工件厚度方向上的定位较准确。

由于射线照相无法对缺陷在工件厚度方向上定位，射线照相发现的缺陷通常要用超声波检测定位。

（2）超声波检测的局限性。

1）A 型显示不直观，检测记录信息少，定性困难，定量精度不高。

A 型脉冲反射式超声波检测是通过观察脉冲反射回波来获得缺陷信息的。对于小缺陷（一般缺陷在 10mm 以下属于小缺陷）可直接用波高测量大小，所得结果称为当量尺寸；对于大缺陷，需要移动探头进行测量，所得结果称指示长度或指示面积。由于无法得到缺陷图像，缺陷的形状、表面状态等特征也很难获得，因此判定缺陷性质是困难的。在定量方面，所谓缺陷当量尺寸、指示长度或指示面积与实际缺陷尺寸都有误差，因为波高变化受很多因素影响。

2）检测结果无直接见证记录。

由于不能像射线照相那样留下直接见证记录，超声波检测结果的真实性、直观性、全面性和可追踪性都比不上射线照相。超声波检测的可靠性在很大程度上受检测人员责任心和技术水平的影响。如果检测方法选择不当，或工艺制订不当，或操作方面失误，便有可能导致大缺陷漏检。

3）对体积型缺陷的检出率较低，不适合检验较薄的工件。

因为体积型缺陷反射面积小，所以面积型缺陷的检出率高。因为上下表面形状回波容易与缺陷波混淆，加之始脉冲盲区影响，所以检测厚度小于 6mm 薄工件相对困难。

4）材质、晶粒度以及工件不规则的外形和一些结构和不平粗糙的表面会影响检测精度和可靠性。

因为粗大晶粒的晶界会反射声波形成“草状回波”，容易与缺陷波混淆，因而影响检测可靠性，所以铸钢、奥氏体不锈钢焊缝等晶粒粗大的材料，未经正火处理的电渣焊焊缝等，一般认为不宜用超声波进行探伤。

台、槽、孔较多的锻件，不等厚削薄的焊缝，管板与筒体的对接焊缝，直边较短的封头与筒体连接的环焊缝，高颈法兰与管子对接焊缝等，因为工件不规则，会使检测变得困难。

探头面平整度和粗糙度对超声波检测有较大影响。严重腐蚀表面、铸、锻原始表面无法实施检测等，应用用砂轮打磨处理表面时，应防止沟槽和凹坑的产生，以免影响耦合以及检测的进行。

4.2.3 磁粉检测基础知识

磁粉检测（Magnetic Particle Testing，MT），又称磁粉检验或磁粉探伤，是针对铁磁性材料，利用其可感应磁化特点，对工件表面和近表面的缺陷进行检测的方法，属于无损检测五大常规方法之一。

1. 磁粉检测原理

（1）磁粉检测物理基础。

自然界有些物体具有吸引铁、钴、镍等物质的特性，我们把这些具有磁性的物体称为磁体。使原来不带磁性的物体得到磁性的过程叫做磁化。

所谓磁场，就是具有磁力作用的空间。如图 4–13 所示，为了形象地描述磁场的大小、方向和分布情况，特引入了磁力线的概念。

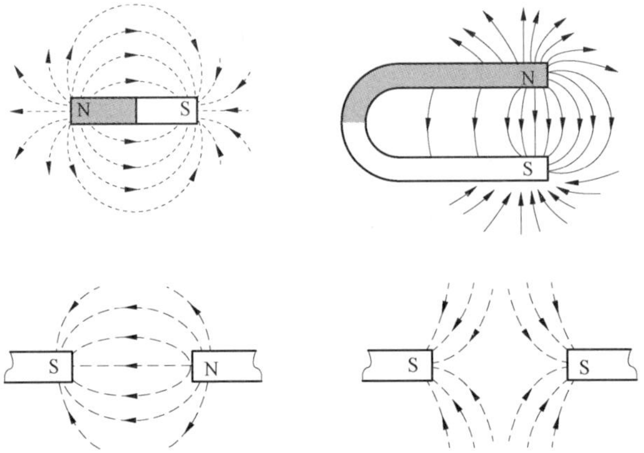

图 4–13 磁铁的磁力线

磁力线是具有方向性的闭合曲线；在磁体内，磁力线是由 S 极到 N 极；在磁体外，磁力线是由 N 极出发，穿过空气进入 S 极的闭合曲线；磁力线互不相交；磁力线可描述磁场的大小和方向；磁力线沿磁阻最小路径通过。

1）通电导体产生的磁场。

当电流通过导体时，会在导体的周围产生磁场。通电导线产生的磁场方向与电流方向的关系可用右手定则来描述。

如图 4–14 所示，用右手握住导线，大拇指表示电流的方向，其余四指的弯曲方向即为导线产生周向磁场方向。如通电导体是一个螺管线圈，也可用右手定则来判断磁场方向，其方法是：用右手握住线圈，弯曲的四指表示电流在线圈中的方向，伸直的大拇指则表示磁场的方向。

2）磁场强度与磁感应强度的关系。

式（4–8）描述了磁场强度与磁感应强度的关系：

$$B = \mu H = \mu_0 \mu_r H \qquad (4–8)$$

① 磁场强度 H：它是表征磁化强度的物理量，其数值大小取决于电流 I，I 越大，H 值也越大，单位为 A/m（安培/米）。

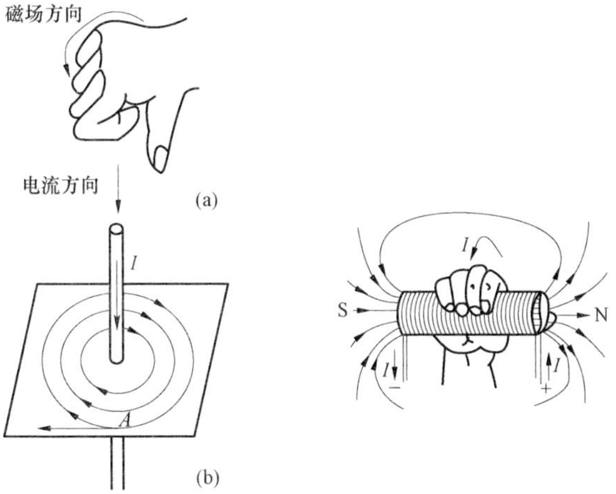

图 4–14 右手定则

② 磁感应强度 B：它是表征被磁化了的磁介质中磁场强度大小的物理量，单位为 T（特斯拉）。

③ 磁导率 μ：它表示材料被磁化的难易程度，反映了材料的导磁能力。$\mu=\mu_0\mu_r$，其中：μ_0 为真空中的磁导率，$\mu_0=4\pi\times10^{-7}\,\mathrm{H/m}$。$\mu_r$ 为相对磁导率，不同介质的 μ_r 值不同。顺磁质，$\mu_r>1$，抗磁质，$\mu_r<1$，但两者都与 1 相差无几；铁磁性材料 μ_r 的数值远大于 1，如氧化铁的相对磁导率为 10 000，铸铁为 200～400，硅钢片为 7000～10 000，镍锌铁氧体为 10～1000。

由上式可以看出，在磁场强度 H（电流 I）一定的情况下，不同介质中感生的磁感应强度 B 各不相同。

（2）磁粉检测原理。

铁磁性材料处于磁场中时，在磁场作用下，磁畴的磁矩方向与外加磁场方向一致，其内部会感生出较强的磁感应强度，磁力线密度增大几百倍到几千倍；如果材料中存在如缺陷和结构、形状、材质等原因造成的不连续性，材料表面和近表面的磁力线便会发生畸变，部分磁力线有可能逸出材料表面，通过空气绕过缺陷再重新进入材料，形成漏磁场；漏磁场的局部磁极能够吸引磁粉等铁磁物质形成磁痕。

图 4–15 所示，试件中表面和近表面缺陷不连续性与磁力垂直时，会使磁力线畸变突出，如果在工件表面上施加磁粉，漏磁场就会吸附磁粉，形成与缺陷形状相近的磁粉堆积磁痕，从而显示缺陷。当裂纹缺陷方向平行于磁力线的传播方向时，磁力线的传播不会受到影响，缺陷无法检出。

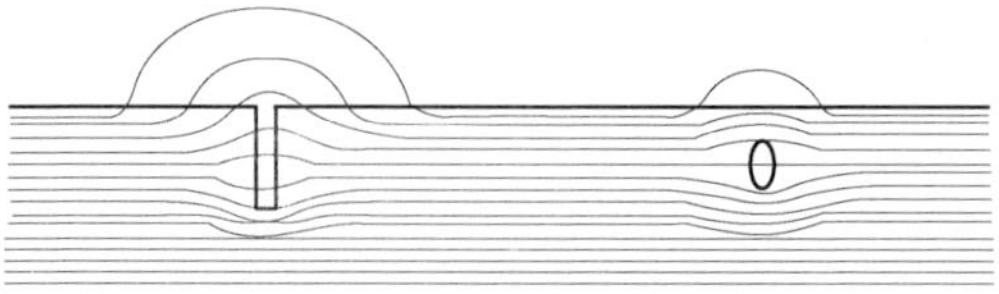

图 4–15　缺陷的漏磁场

（a）表面缺陷；（b）近表面缺陷

2. 磁粉检测设备器材

（1）磁力探伤机分类。

按设备体积和重量，磁力探伤机可分为固定式、移动式、携带式三类。

（2）灵敏度试片。

灵敏度试片用于检查磁粉探伤设备、磁粉、磁悬液的综合性能。A 型试片是用 100μm 厚的软磁材料制成的，中间划刻有深度等的圆圈和十字架，不同的厚度和不同的槽深代不同的灵敏度等级，特种设备磁粉检测一般应选用 A_1–30/100 型试片。

（3）磁粉与磁悬液。

磁粉是具有高磁导率和低剩磁的四氧化三铁或三氧化二铁粉末。湿法磁粉平均粒度为 2～10μm，干法磁粉平均粒度不大于 90μm。磁悬液是以水或煤油为分散介质，加入磁粉配成的悬浮液。配制浓度为：非荧光磁粉 10～25g/L，荧光磁粉 0.5～3.0g/L。

（4）其他辅助器材。

其他辅助器材如荧光磁粉检测时用的黑光灯，磁场强度测量器具高斯计等。

3. 磁粉检测工艺要点

（1）磁粉探伤的一般程序。

探伤操作包括以下几个步骤：预处理、磁化、施加磁粉或磁悬液、磁痕的观察与记录、缺陷的观察以及后处理（包括退磁）等。

（2）磁粉检测方法分类。

按磁化工件和施加磁粉的时机可分为连续法和剩磁法。磁化、施加磁粉和观察同时进行的方法称为连续法；先磁化，后施加磁粉和检验的方法称为剩磁法。后者只适用于剩磁很大的硬磁材料。

按施加磁粉的方法分类可分为湿法和干法。其中：湿法采用磁悬液，干法则直接喷洒干粉。前者适宜检测表面光滑的工件上的细小缺陷，后者多用于粗糙表面。

（3）磁化方法。

常用的磁化方法如图 4–16 所示，可分为线圈法、磁轭法、轴向通电法、触头法、中心导体法和交叉磁轭法。其中，a、b 称为纵向磁化；c～e 称为周向磁化；f 称为两相交流复合磁化。

实际工作中，可根据试件的情况选择适当的磁化方法。

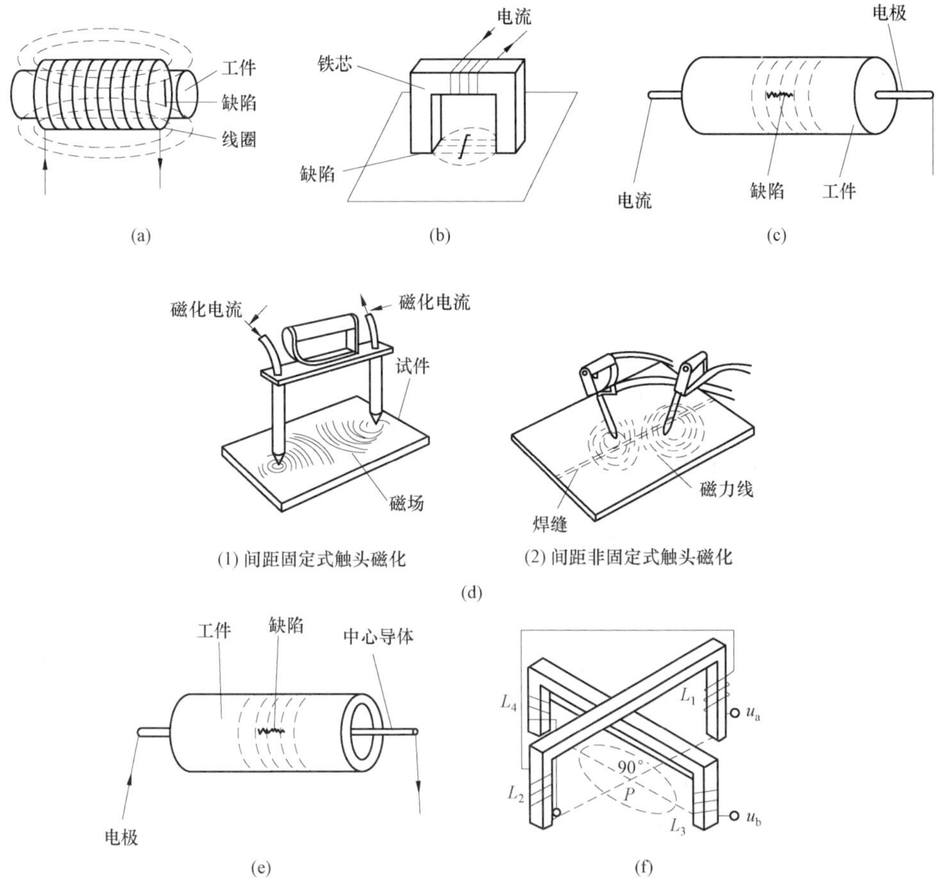

图 4–16 磁化方法示意图

（a）线圈法；（b）磁轭法；（c）轴向通电法；（d）触头法；（e）中心导体法；（f）交叉磁轭法

4. 磁粉检测特点

（1）磁粉检测的优点。

1）适宜铁磁材料表面和近表面缺陷的检测，检测灵敏度很高。

属铁磁材料的有各种碳钢、低合金钢、马氏体不锈钢、铁素体不锈钢、镍及镍合金；不具有铁磁性质的材料有：奥氏体不锈钢、钛及钛合金、铝及铝合金、铜及铜合金。

一般可检出深度为 1～2mm 的近表面缺陷，采用强直流磁场可检出深度达 3～5mm 近表面缺陷。

磁粉检测可检出的最小裂纹尺寸大约为：宽度 1μm，深度 10μm，长度 1mm，但实际现场应用时可检出的裂纹尺寸达不到这一水平，比上述数值要大得多。

2）检测成本很低，速度快，缺陷检测重复性好。

（2）磁粉检测的局限性。

1）不能用于非铁磁材料和内部缺陷检测。

2）工件的形状和尺寸对探伤有影响，有时因其难以磁化而无法探伤。

如油漆等覆盖层对磁粉有不利影响；对工件的形状、尺寸不利于磁化的某些结构，可通过连接辅助块加长或形成闭合回路来改善磁化条件；有些几何形状会产生非相关显示需要注意。

3）磁化后具有较大剩磁且转动如大轴轴颈检测后需进行退磁。

4.2.4 渗透检测基础知识

渗透检测（penetrant testing，PT），又称渗透探伤，是一种以毛细作用原理为基础的检查表面开口缺陷的无损检测方法。

1. 渗透检测原理

（1）渗透检测物理基础及基本步骤。

渗透检测物理基础主要是利用液态湿润和毛细管现象，在检测工件表面被施涂含有荧光染料或着色染料的具有完全润湿能力的渗透剂后，在毛细管作用下，经过一定时间，渗透液渗进表面开口的缺陷中；然后去除零件表面多余的渗透剂，再在零件表面施涂显像剂，同样利用可形成具有毛细管作用的显像剂粉末将缺陷中保留的渗透液吸附出来，回渗到显像剂中；在相应紫外线或白光的光源照射下，缺陷处的渗透液痕迹被显示成黄绿色荧光或鲜艳红色，从而探测出缺陷的形貌及分布状态。渗透检测可发现最小尺寸深 0.02mm、宽 0.001mm 的缺陷。图 4–17 表明了典型的渗透检测操作包含的预清洗、施涂渗透剂、去除多余渗透剂、施加显像剂和观察并记录五个基本步骤。典型裂纹显示图片见图 4–16。

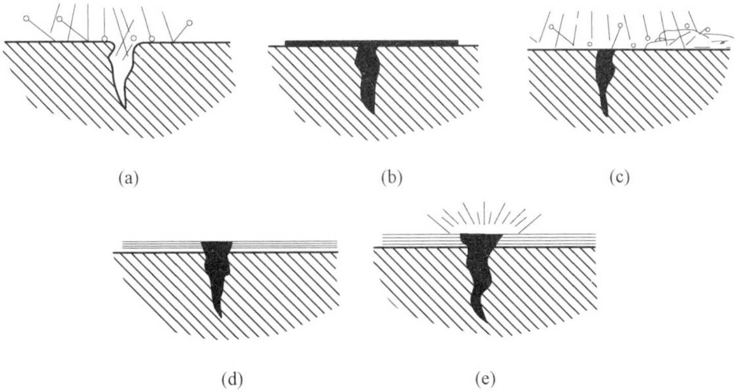

图 4–17　渗透探伤的基本操作步骤

（a）预清洗；（b）渗剂；（c）去除；（d）显像；（e）观察

1）预清洗。通过物理或化学的方法清理被检工件的表面，清除表面油漆、氧化皮及油污等可能影响渗透液渗入效果的污物。

2）施涂渗透剂。将试件浸渍或者用喷雾器或刷子把渗透液涂在试件表面，当试件表面有缺陷时，渗透液就渗入缺陷中，时间 10min 左右。此过程简称渗透。渗透检测裂纹照片如图 4–18 所示。

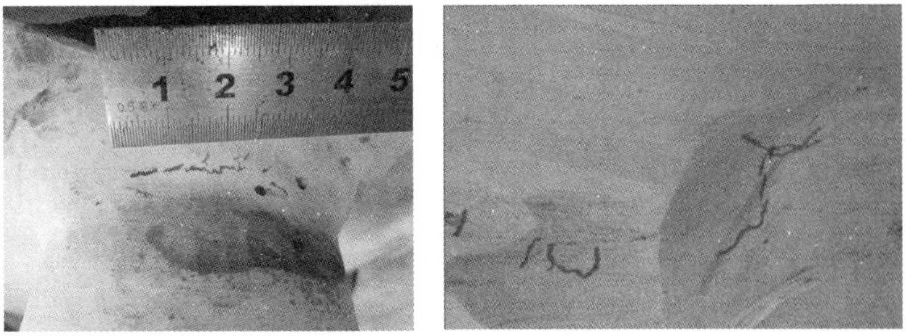

图 4–18　渗透检测裂纹照片

3）去除多余渗透剂。渗透过程完成后，用水或清洗剂把试件表面的渗透液洗掉，简称去除。

4）施加显像剂。去除工作完成后，应及时把显像剂喷撒或涂敷到工件表面上，使残留在缺陷中的渗透液吸出，并形成相应的显示痕迹，简称显像。

5）观察并记录。根据渗透剂类型，需采用黑光灯或一定照度的普通白光进行照射观察。荧光渗透液在黑光灯紫外线照射下显示黄绿色痕迹，着色渗透液在自然光下显示红色痕迹。这个过程叫观察。

除上述的基本步骤外，还有可能增加另外一些工序。例如，使用某些种类显像剂时，要进行干燥处理；为了使渗透液容易洗掉，对某些渗透液要作乳化处理。

（2）渗透检测分类。

1）按渗透剂所含染料成分可分为荧光法、着色法及两则复合三大类。渗透剂内含有荧光物质，缺陷图像在紫外线下能激发荧光的为荧光法。渗透剂内含有有色染料，缺陷图像在白光或日光下显色的为着色法。还有一类渗透剂同时加入荧光和着色染料，缺陷图像在白光或日光下能显色，在紫外线下又激发出荧光。

2）按表面多余渗透剂去除方法可分为水洗型、后乳化型和溶剂去除型三大类。

综合以上两种分类方法，可组合成六种渗透探伤方法，即：① 水洗型荧光渗透探伤法；② 后乳化型荧光渗透探伤法；③ 溶剂去除型荧光渗透探伤法；④ 水洗型着色渗透探伤法；⑤ 后乳化型着色渗透探伤法；⑥ 溶剂去除型着色渗透探伤法。

3）按显像方法主要可分为湿式显像、干式显像两大类。

① 湿式显像法。是将白色显像粉末悬浮或溶解于水中或溶剂中，自然或加热烘干后吸附缺陷渗透剂显示。其缺点是随着时间的推移，缺陷显示痕迹会扩散，大小和形状将会失。

② 干式显像法。是直接使用干燥的白色显像粉末作为显像剂，显像剂粒子吸附缺陷内渗透剂并形成相应显示，而没有缺陷部分就不附着显像剂。其缺陷显像痕迹不会随着时间的推移而发生明显扩散；此显像方法在后乳化型荧光渗透探伤和水洗型荧光渗透探伤采用较普遍，而在着色渗透探伤法，因其显示痕迹的识别性能很差，所以不适于干式显像法。

此外，还有塑料薄膜显像法，也有不使用显像剂，实现自显像的。

2. 渗透检测设备器材

（1）各种试剂，包括渗透剂、显像剂、清洗剂等。

（2）对比试块。主要用于检验渗透检测剂系统灵敏度和操作工艺正确性，有铝合金试块（A 型对比试块）和镀铬试块（B 型试块）两类。

（3）其他辅助器材。黑光灯、干燥设备等。

3. 渗透检测工艺要点

（1）各种渗透检测方法的优缺点和应用选择。

着色法只需在白光或日光下进行，在没有电源的场合下也能使用。荧光法需要配备黑光灯和暗室，一般无法在没有电源及暗室的场合下使用。需要说明的是，由于科技的发展，目前已经有便携手电筒式 LED 黑光灯可用于没有电源的场合。

水洗着色法适于检查表面较粗糙的零件，操作简便，成本较低；该法灵敏度较低，不易发现细微缺陷。水洗型荧光法成本较低，有明亮的荧光，检查速度快，适用于表面较粗糙零件，带有螺纹、键槽的零件及大批量小零件的检查。灵敏度虽较水洗着色高，但宽而浅的缺陷还是容易漏检，且水洗操作时容易过洗，重复检查效果差，荧光液容易被水污染。

后乳化型着色法具有较高灵敏度，适宜检查较精密零件，但对螺栓，有孔、槽零件，以及表面粗糙零件不适用。后乳化型荧光法具有明亮的荧光，对细小缺陷检验灵敏度高，能检出宽而浅的缺陷，重复检验效果好，但成本较高，因清洗操作难度大，不适用有螺纹、键槽及盲孔零件的检查，也不适用于表面粗糙零件的检验。

喷罐装溶剂去除型着色法应用较广，便于携带使用，操作简便，适宜于大型工件局部检验。喷罐装溶剂去除型荧光法轻便，用于大型工件局部检验较着色法灵敏度更高。两者均可用于无水源场所，灵敏度较高，但成本也相对较高。

（2）渗透检测操作注意事项：

1）选用不同类型渗透检测方法的操作程序存在有一定差异。

如后乳化型要多以道乳化操作步骤，干法显像较湿法显像多一道干燥程序。要根据选择的渗透检测方法设计好操作程序。

2）预处理操作注意事项：

要充分除去试件表面油脂、涂料、锈蚀和水等影响渗透液渗透的障阻物，使工件表面湿润条件充分，以便形成渗透剂薄膜并渗入缺陷。

3）施涂渗透剂注意事项：

要根据工件材质、预计缺陷种类和大小以及渗透时的温度等来考虑确定适当的渗透时间。正常的渗透温度范围为 5～50℃。在 10～50℃的温度条件下，渗透时间一般不得少于 10min；在 5～10℃的温度条件下，渗透时间一般不得少于 20min。

4）多余渗透剂去除注意事项：

不要过度清洗，要确保缺陷中渗透剂剂留存下来。采用溶剂清洗时，只能用蘸有溶剂的布或纸擦洗沿一个方向擦拭，不得往复擦拭，更不得用清洗剂直接冲洗。

干式显像前进行干燥时，要有合适的干燥温度，在尽可能短的时间里有效地完成干燥。

5）显像操作注意事项：

显像时间要足够，自显像 10～120min，其他一般不少于 7min；显像剂喷洒的厚度要合适。

4. 渗透检测特点

（1）渗透检测的主要优点：

1）渗透检测可以检测除了疏松多孔性材料外的金属和非金属工件的表面开口缺陷。

2）可用于形状复杂的部件，并一次操作就可做到全面检测。

3）不需要大型的设备，可不用水、电。对无水源、电源、或高空作业的现场，使用携带式喷罐着色渗透探伤剂十分方便。

4）渗透检测不受缺陷形状、尺寸和方向的限制。

（2）渗透检测的局限性：

1）只可检出表面开口的缺陷，但对埋藏缺陷或闭合型的表面缺陷无法检出。

2）检测工序多，速度慢。即使很小的工件，完成全部工序也要 20～30min。大型工件大面积渗透检测是非常麻烦的工作。每一道工序都很费时间。

3）检测灵敏度比磁粉探伤低，可检出缺陷尺寸大约要大 3～5 倍。

4）材料较贵、成本较高。

5）渗透检测所用的检测剂大多易燃有毒，必须采取有效措施保证安全。

为确保操作安全，必须充分注意工作场所通风，以及对眼睛和皮肤的保护。

6）试件表面粗糙度影响大，探伤结果易受操作人员水平的影响，如操作不当，容易漏检。

4.3 其他无损检测技术介绍

4.3.1 涡流检测技术及其特点

1. 涡流检测的原理

涡流检测是一种非接触式的检测方式，用电磁场同金属间电磁感应进行检测的方法，是工业上无损检测的方法之一，涡流检测（Eddy Current Testing，ET）。

（1）涡流检测的物理基础。

涡流检测可检出铁磁性和非铁磁性等导体材料的缺陷，并可分选材料、测量膜层厚度和检测材料某些物理性能等。

如图 4–19 所示，在激励线圈中通过交流电，会产生随时间而变化的磁力线，磁力线穿过工件导体产生交流电即涡流，试件中的涡电流方向线圈电流方向相反；涡流也会的交流磁场，其磁力线穿过激磁线圈时又在线圈内感生出交流电，此电流方向与激磁线圈中原来的电流（激磁电流）方向相同，导致线圈中的电流由于涡流的反作用而增加；测定这个电流变化，就可以测得涡流的变化，从而可得到试件的信息。

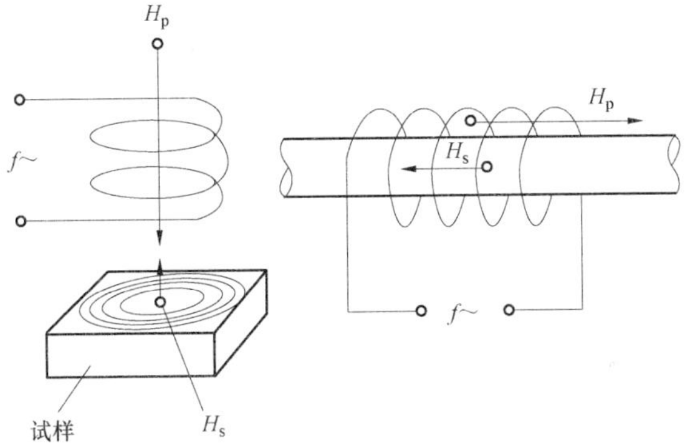

图 4–19　涡流检测原理示意图

涡流的分布及其电流大小，以及与激磁电流相位差异，是由线圈的形状和尺寸及交流频率，导体的电导率、磁导率、形状和尺寸，以及导体与线圈间的距离，导体表面缺陷等因素所决定的。因此，根据检测到的工件涡流信息，就可以对工件缺陷、材质和形状尺寸等进行评定。

导体表面涡电流密度随着向深度增加，强度按指数函数减小，这种现象叫做集肤效应；涡流密度减小到试件表面涡流密度的 e^{-1}，即 38%左右，相位已变化 1rad（弧度）的深度称为透入深度；一般认为，超过透入深度的内部缺陷已不能检测。涡流在深度方向上的分布可以用“透入深度”表示；频率、电导率和磁导率越大，透入深度就越小。碳钢同铝相比，碳钢的透入深度较小。

为增大透入深度，可降低涡流频率。近年来开发的远场涡流检测技术就是采用低频涡流，因此能穿透金属管壁，从而实现对金属管子内、外壁缺陷的检测。

（2）涡流检测方法分类。

如图 4–20 所示，根据形状线圈可以大致分为穿过式、探头式（放置式）和插入式三种方法。

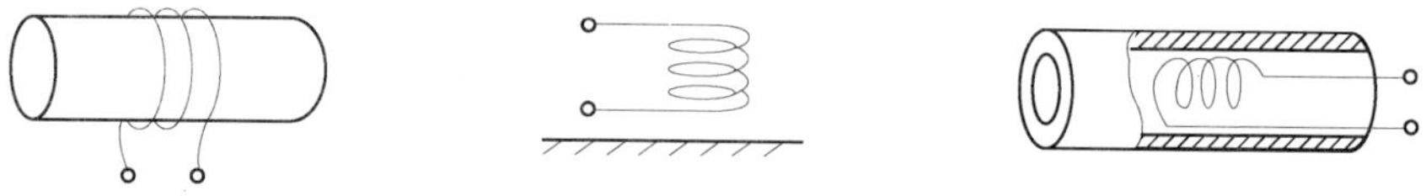

(a)　(b)　(c)

图 4–20　涡流检测方法分类示意图

（a）穿过式线圈；（b）探头式线圈；（c）插入式线圈

1）穿过式线圈：工件穿过涡流检测线圈，可用来检测线材、棒材和管材圆形工件；由于线圈产生的磁场首先作用在试样外壁，因此检出外壁缺陷的效果较好，内壁缺陷的检测是利用的渗透来进行的，所以内壁缺陷检测灵敏度比外壁低，对厚壁管材内部缺陷检测深度有一定限制。

2）探头线圈式（放置式）：涡流检测线圈置工件表面，可移动线圈或工件进行检测，可在线圈中装入磁芯提高检测灵敏度。它不仅适用于形状简单的板材、板坯、方坯、圆坯、棒材及大直径管材的表面扫描探伤，也适用于形状较复杂的机械零件的局部检测，与穿过式线圈相比，由于探头式线圈的体积小、场作用范围小，所以适于检出尺寸较小的表面缺陷。

3）插入式：插入式涡流检测线圈也叫做内部探头，可用它穿过管孔来检测厚壁或钻孔内壁的缺陷，也可用来检查成套设备中管子的质量，如热交换器管子的在役检验。同探头式线圈一样，在其线圈中大多装有磁芯提高检测灵敏度。

2. 涡流检测设备器材

（1）涡流检测仪器。

仪器由振荡器、检波器和显示器等组成，如图 4–21 所示，仪器实物如图 4–22 所示。

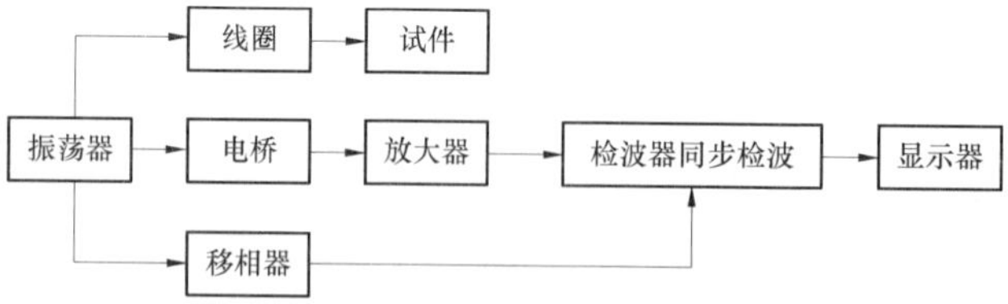

图 4–21　涡流探伤仪组成方框图

（2）探头。

探头有插入式、穿过式和放置式三种类型，其线圈大小可根据工件规格进行选定。

（3）对比试样。

对比试样应根据相关标准的要求制作，用于调节涡流检测仪检测灵敏度。一般要求对比试样的材质与被检工件相同或相近，加工一定尺寸和形状的人工缺陷。

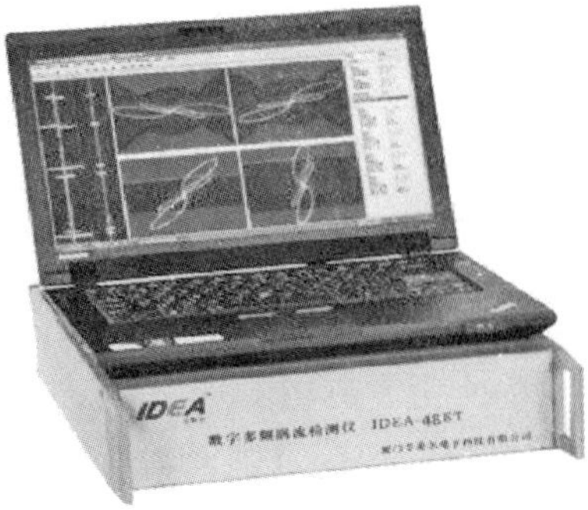

图 4–22　涡流探伤仪实物照片

（4）其他辅助器材。

其他辅助器材包括磁饱和装置、机械传动装置、记录装置、退磁装置等。

3. 涡流检测工艺要点

（1）探头形式（或线圈）的选择。

选择的探头形式要适合于工件的规格和形状，要局部发现指定对比试块人工缺陷的能力。

（2）仪器及探伤灵敏度的调整。

应合理选择检测频率和探伤灵敏度，确保试块人工缺陷能够发现，其显示信号波形形状、幅度及相位角等符合要求。

要做好试样无缺陷部位电桥的平衡调整，使提离等杂乱信号小且与缺陷信号明显区别。

（3）注意覆盖异物、缺陷性质方向和深度以及被检工件边缘效应对检测灵敏度的影响，要保持好探头与工件表面距离，检测速度要均匀。

（4）应注意检测灵敏度的校准核查。

如果发现灵敏度不符合要求时，应立即停止试验，重新调整之后再继续进行。

4. 涡流检测的特点

（1）涡流检测的主要优点：

1）适用钢、钛、镍、铝、铜及其合金等各种导电材质工件的表面和近表面缺陷检测；

2）非接触式检测，易实现自动化检测，检测速度快。

（2）局限性涡流检测的缺点：

1）显示不直观，定性、定量困难；

2）集肤效应影响，难于检测埋藏较大的缺陷；

3）不适应非导电材料。

4.3.2 声发射检测基础知识

声发射检测（Acoustic emission testing，AE），是通过接收和分析材料的声发射信号来评定材料性能或结构完整性的一种无损检测方法。材料中因裂缝扩展、塑性变形或相变等引起应变能快速释放而产生的应力波现象称为声发射。1950 年联邦德国 J.凯泽对金属中的声发射现象进行了系统的研究。1964 年美国首先将声发射检测技术应用于火箭发动机壳体的质量检验并取得成功。此后，声发射检测方法获得迅速发展。

1. 声发射检测原理

（1）声发射定义。材料或结构受外力或内力作用产生变形或断裂，以弹性波形式释放出应变能的现象称为声发射，也称为应力波发射。声发射的频率范围很宽，从次声频、声频到超声频。

（2）裂纹扩展声发射特点。

裂纹成核阶段：其声发射能量比单个位错滑移产生的声发射至少大两个数量级。

裂纹扩展阶段：裂纹向前扩展，积蓄的能量大部分是以弹性波的形式释放出来，使得裂纹扩展产生的声发射比裂纹成核的声发射大得多，裂纹扩展所需要的能量比裂纹成核需要的能量大 100 倍以上。

最终断裂阶段：裂纹持续扩展，接近临界裂纹长度时，就快速失稳断裂，这时的声发射强度更大，以至于人耳都可听见。一般而言，对超标声发射源，要用其他无损检测方法进行局部复检，以精确确定缺陷的性质与大小。

（3）声发射原理示意图。大多数金属材料裂纹成核及开展时的声发射信号强度较弱，人耳不能直接听见，需要借助灵敏的电子仪器才能检测出来。如图 4–23 所示，用仪器检测，分析声发射信号和利用声发射信号推断声发射源的技术称为声发射技术。声发射检测是一种动态无损检测方法，只能对构件或材料的缺陷活动过程进行检测，这就需要对裂纹等缺陷施加应力并使之扩展方可实现检测，静止状态的裂纹等缺陷没有变化和扩展，就没有声发射产生，也就不可能实现声发射检测。而且由于声发射信号来自缺陷本身，因此可达到声发射检测的四个主要目：① 确定声发射源的部位；② 分析声发射源的性质；③ 确定声发射发生的时间或载荷；④ 评定声发射源的严重性。

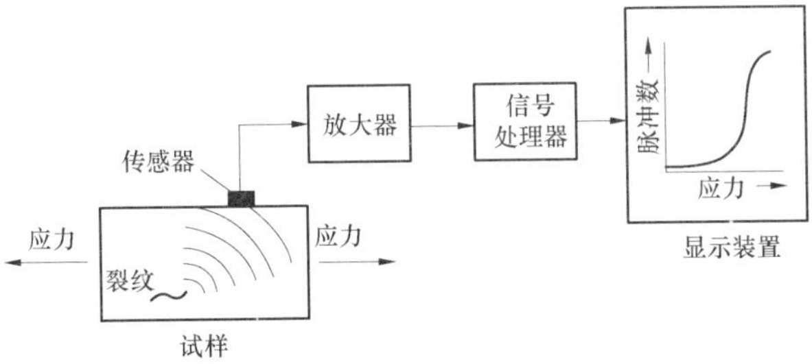

图 4–23 声发射检测原理示意图

（4）声发射信号计数。

一般以声发射信号的事件计数和振铃计数两个参数来表示。

图 4–24（a）所示，一个突发信号波形进行包络检波后，信号电平超过设定的阈值电压 V_t 后可视为一个矩形脉冲。一个矩形脉冲叫做一个事件。在事件持续事件时间内对一个事件计一次数的方法称为事件计数。单位时间内的事件数目称为事件计数率，从开始到某一阶段（如试验结束）的事件总数事件总计数。

如图 4–24（b）所示，突发信号波形超过阈值电压 V_t，超过部分就可视为一个矩形脉冲，对这些矩形脉冲的计数就是振铃计数，又称声发射撞击数，其振铃计数（撞击数）为 4。单位时间的振铃计数称为声发射率，从开始到某一阶段（如试验结束）累加振铃计数称为振铃总数。

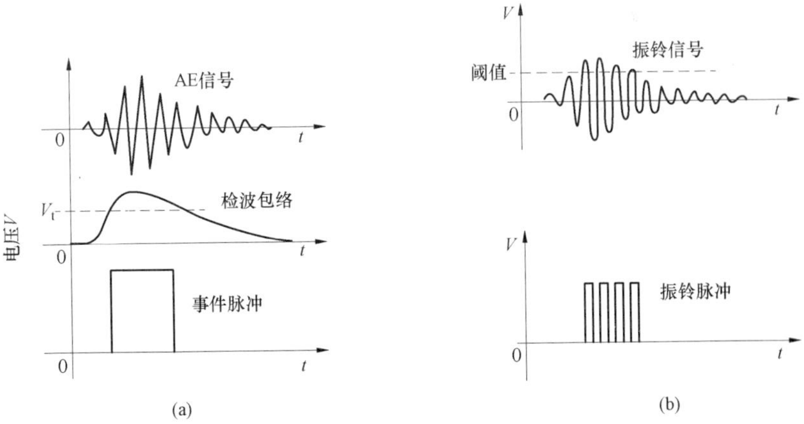

图 4–24 声发射信号计数示意图

（a）事件计数法；（b）振铃计数法

2. 声发射检测主要设备器材

（1）声发射检测仪器。

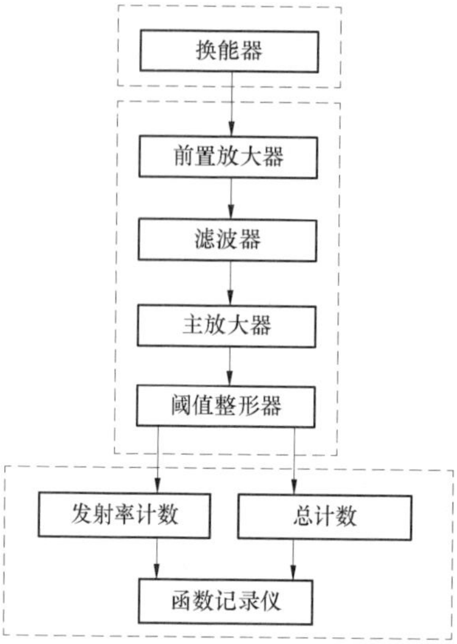

图 4–25　单通道声发射检测仪方框图

可分为两种基本类型，即单通道声发射检测仪和多通道声发射源定位和分析系统。

单通道声发射检测仪一般采用一体结构，它由换能器、前置放大器、衰减器、主放大器门槛电路、声发射率计数器以及数模转换器组成（见图 4–25）。多通道的声发射检测系统则是在单通道的基础上增加了数字测定系统（时差测定装置等）以及计算机数据处理和外围显示系统。

（2）换能器（传感器）。

声发射装置使用的换能器与超声波检测的换能器相似。压电元件通常使用锆钛酸铅、钛酸钡和铌酸锂等，但其压电电压常数大，即其接受性能要求普通超声波换能器的高。常用换能器的谐振频率范围大致在 100～400kHz。工件中裂纹形成扩展或其他原因所发出的声发射信号，由换能器将弹性波变成电信号输入前置放大器。

3. 声发射检测工艺要点

（1）检测前准备。

1）根据工件状况确定传感器布置及加压程序；

2）应设法尽可能排除噪声源，包括耐压试验准备和声发射检测准备，后者包括检测方案和设备器材准备。

（2）布置传感器。

1）远离人孔、焊缝等部位，局部检测时应把检测部位列于传感器中央；

2）处理好布置部位表面，应平整光洁，尽可能减少对声发射信号的衰减；

（3）声发射检测系统调试。

用模拟声发射源检查和校正耦合质量、信号衰减特性、换能器间距、各通道增益、源定位精度，并根据背景噪声调整门槛电压。

（4）升压并检测。

试验应尽可能采用两次加压循环过程；在升压和保压过程中应连续测量和记录声发射各参数；检测过程如遇强噪声干扰，应暂停并排除干扰后再进行检测；声发射检测参数至少应包括以下三个：声发射源位置、声发射事件数、声发射信号幅度。

（5）结果评价与分级。

按活度和强度划分声发射源的等级，并确定源的综合等级。

活度是指声发射源的事件数随着加压过程或时间变化的程度。当事件数随着升压或保压呈快速增加时，则认为该部位声发射源具有超强活性；当事件数随着升压或保压呈连续增加时，则认为该部位的源具有强活性；如果在升压和保压过程中事件数是离散的，或间断出现的，则认为该部位的源是中活性或弱活性的。

源的强度用能量、幅度或计数参数来表示。声发射信号的幅度 Q 与材料特性有关，标准规定，对于 16MnR，$Q>80$dB 为高强度源，60dB$\leqslant Q\leqslant$80dB 为中强度源，$Q>80$dB 为高强度源。

源的综合等级根据活度和强度分为 4 级，其中，Ⅰ级声发射源不需复验，Ⅱ级由检验人员决定是否复验，Ⅳ、Ⅴ级声发射源必须采用常规无损检测方法复验。

4. 声发射检测的特点

（1）能够检测承压设备加压试验过程的裂纹等活性的缺陷的部位、活性和强度，从而为使用安全性评价提供依据，但难以对检测出的活性缺陷进行定性和定量。

（2）能够在一次检验程中，整体检测和评价整个结构中缺陷的分布和状态。

（3）可远距离操作，实现对设备运行状态和缺陷扩展情况的监控。

（4）不能检测非活性缺陷。

（5）设备价格较高，对材料敏感，易受到机电噪声的干扰。

4.3.3 衍射时差法超声检测技术

衍射时差法超声检测计数（Time of flight diffraction testing，TOFD）是一种较新的无损检测技术，它利用超声波在缺陷端部产生的衍射信号来实现缺陷的检测和尺寸测量。

1. TOFD 的基本原理

如图 4–26 所示，当超声波作用于裂纹缺陷时，在裂纹表面产生反射的同时，还将从裂纹尖端产生衍射波，向各个方向传播，衍射波信号比反射波信要弱。

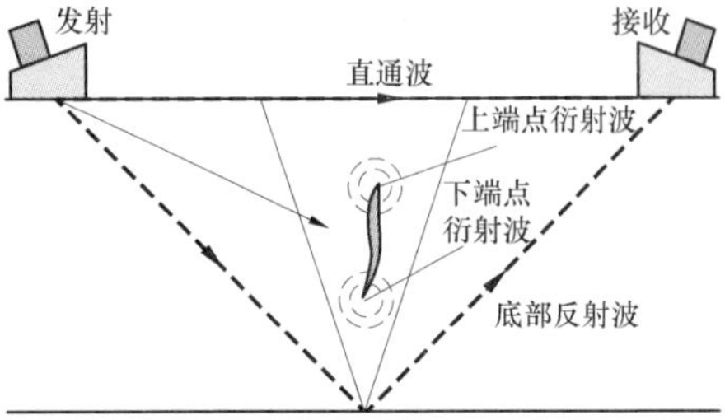

图 4–26　超声波衍射

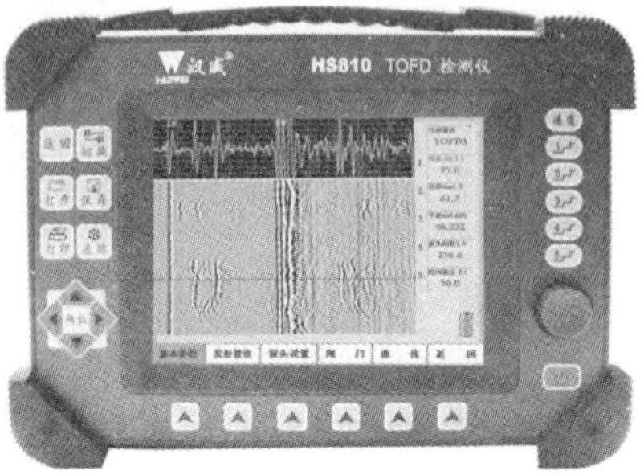

图 4–27　TOFD 仪器

缺陷端点的形状对衍射有影响，端点越尖锐，衍射特性越明显，当端点圆半径大于波长时，主要体现的是反射特性。

2. TOFD 主要设备器材

（1）TOFD 超声波探伤仪。

如图 4–27 所示为典型的具有 A 扫描、B 扫描、C 扫、D 扫、TOFD 扫描等多种探伤功能的便携式 TOFD 超声波探伤仪。

（2）TOFD 探头。

与常规脉冲反射法使用的超声波探头不同。

1）晶片尺寸小。为了提高检测速度且有利于衍射的产生，往往采用小尺寸晶片的大扩散角探头。

2）反射和接受性能好。由于衍射信号比反射信号微弱很多，所以要求 TOFD 探头有非常好的发射和接收性能。

3）脉冲窄。为提高深度方向的分辨力，TOFD 探头应具有宽频带和窄脉冲特性，并需要选择合适的脉冲来激励探头。

（3）扫描装置。包括探头夹持、驱动、导向等部分，并安装有位置传感器。

（4）对比试块。

1）对比试块：用于检测校准，其声学性能应与工件相同或相近，有 A～E 五种规格对比试块。

2）盲区高度测定试块，声扩散角测定试块。

3）模拟试块：用于 C 级检测技术等级工艺验证，材质、规格应与工件相同或相近，人工缺陷加工也有特别要求。

3. TOFD 工艺要点

（1）TOFD 的基本配置。

TOFD 技术采取的方案是两个探头配对组成的探测系统。一个探头起发射作用，另一个起接收作用，可避免镜面反射信号掩盖衍射波信号，从而在任何情况下都能很好地接收端点衍射波信号，测定反射体的准确位置和深度，此外还易于实现大范围扫查，快速接收大量信号。可以说双探头系统是 TOFD 技术的基本配置和特征。

（2）TOFD 技术采用的超声波波型。

TOFD 技术不使用横波而使用纵波，其目的是为了避免两种波同时存在而导致回波难以识别。在各种波中，纵波的传播速度最快，几乎是横波的两倍从而能够领先于其他种类的波，在最短的时间内到达接收探头，使用纵波并利用纵波波速计算缺陷的深度得到的结果是唯一的。

（3）TOFD 声场中的 A 扫信号及相位关系。

1）如图 4–28 所示，主要有以下一些信号：

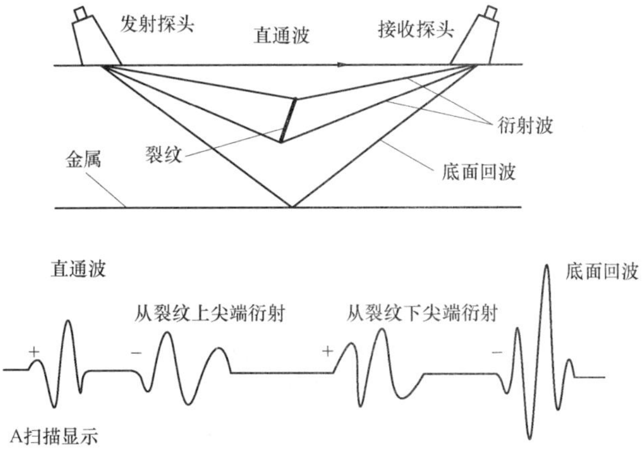

图 4–28　TOFD 的 A 扫信号

① 直通波信号。在 TOFD 数据采集时，通常首先看到是直通波。直通波在平直工件的表面以下，沿两探头之间最短路径以纵波进行传播。

② 缺陷的纵波衍射波。超声波在缺陷上端点和下端点将产生衍射信号，这两个信号在直通波之后，底面反射波之前。

③ 纵波的底面反射波。底面纵波反射波的传播距离较大，在直通波后缺陷波之后出现。如果工件没有合适的底部进行反射，则底面波可能不存在。

④ 波形转换的缺陷衍射波及底面发射波等信号一般不用进行观察和分析。

2）相位关系。相位分析是重要的手段。直通波相位与缺陷上端点衍射波及底面反射波相反，与缺陷下端点衍射相同；如果中间两个信号的相位相反，就可能是一个缺陷的上下尖端衍射信号，若相同，则可判定为两个缺陷。

（4）PCS 设定。

1）深度计算。

如图 4–29 所示，两探头入射点的距离用

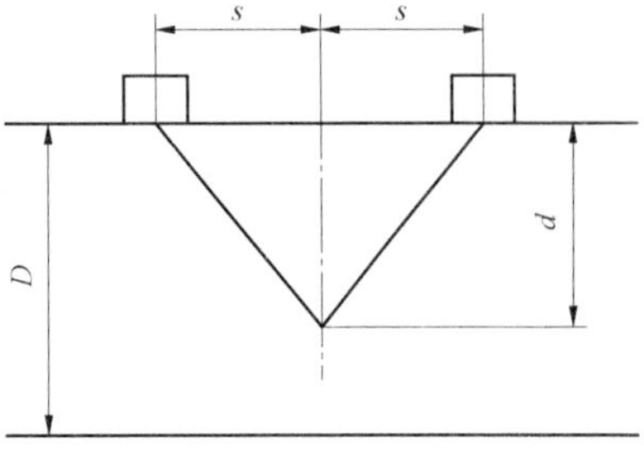

图 4–29　PCS 设定示意图

PCS 表示，PCS=2S，由于两探头相对于衍射端点对称，则超声波信号传播的距离 L 可以下式计算：$L=2(s^2+d^2)^{1/2}$

超声传播的时间 $t=2(s^2+d^2)^{1/2}/c$

衍射端点的深度 $d=((ct/2)^2-s^2)^{1/2}$

2）检测时 PCS 的设定。

当为非平行扫查设置参数时，PCS 的最佳选择是超声波束中心打在工件的三分之二处。

（5）TOFD 技术的图像显示。

如图 4–30 所示，TOFD 技术把一系列 A 扫数据根据其发射当量不同，用不通的灰度进行显示，即可组合转换处理为 TOFD 图像。在图像中每个独立的成为图像中很窄的一行，通常一幅 TOFD 图像包含了数百个 A 扫信号。

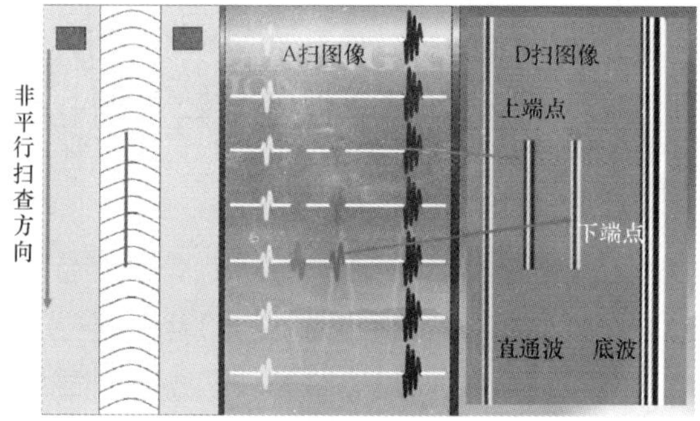

图 4–30 TOFD 图像示意图

4. 衍射时差超声检测（TOFD）的特点

（1）TOFD 技术可靠性好，能够实现对缺陷多维度尺寸的高精度定量。

（2）TOFD 检测系统配置高性能数字化仪器，能全过程记录信号，长久保存数据，且能高速进行大批量信号处理。

（3）TOFD 检测技术图像识别和判读困难，数据分析需要丰富的经验。

（4）TOFD 检测技术对近表面缺陷的检测、粗晶材料、横向缺陷和复杂几何形状的工件检测困难，对点状缺陷的尺寸测量不够准确。

4.3.4 超声相控阵检测技术基础知识

超声相控阵检测技术（ULTRASONIC PHASED ARRAY INSPECTION TECHNOLOGY，PA）的应用始于 20 世纪 60 年代，已广泛应用于医学超声成像领域。近年来，由于压电复合材料、纳秒级脉冲信号控制、数据处理分析、软件技术和计算机模拟等多种高新技术在超声相控阵成像领域中的综合应用，使得超声相控阵检测技术得以快速发展，逐渐应用于工业无损检测，如对汽轮机叶片（根部）和涡轮圆盘的检测、石油天然气管道焊缝检测、火车轮轴检测、核电站检测和航空材料的检测等领域。

1. 超声相控阵检测原理

如图 4–31 所示，相控阵成像是通过控制阵列换能器中各个阵元激励（或接收）脉冲的时间延迟，改变由各阵元发射（或接收）声波到达（或来自）物体内某点时的相位关系，实现聚焦点和声束方位的变化，从而完成相控阵波束合成，形成成像扫描线的技术。

图 4–31　相控阵超声聚焦和偏转

在相控阵检测中，通过不同相位的声波之间的干涉影响来控制和形成超声波。根据波束合成的情况，可以进行线形扫描、扇形扫描和体扫描成像。

（1）相控阵线性扫描。

如图 4–32 所示，超声相控阵系统可以不用移动探头就可以实现沿着线性相控阵探头晶片排列方向（长度方向）的电子扫描，并创建一个横截面图像。

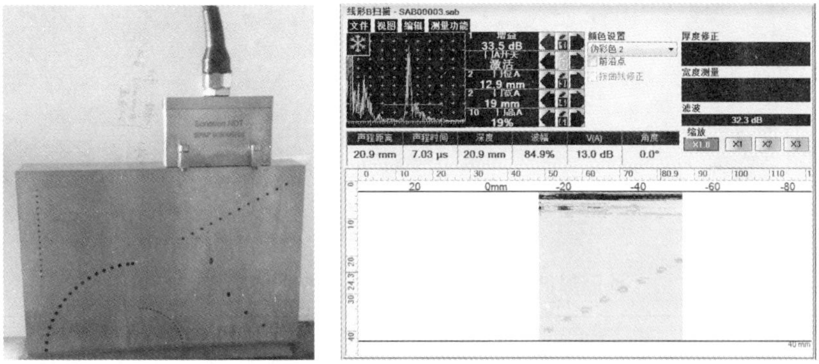

图 4–32　64 晶片线性扫描图像示意图

（2）相控阵扇形扫描。

扇形扫描是相控阵设备独有的扫描方式。扇形扫描则是通过一序列角度产生固定的阵列孔径和偏转，通过一个有角度的有机玻璃楔块产生折射角通常为35°～80°的横波，而常规超声检测只能产生某个固定角度的声束。和线性扫描不同，扇形扫描的成像是被检测工件所检测区域的横截面图像，如图4–33所示。检测人员可根据检测需要定义起始角度、终止角度及角度步进，这样就可以形成扇形图像。在扇形扫描中，定义范围内的每个角度根据孔径、频率、阻抗等产生一个具有定义特征的相应的声束。每个角度（聚焦法则）所产生的相应的波形被数字化并进行成像，所有成像将共同创建一个横截面图像。图像中的颜色代表不同的幅度值或深度值。

扇形扫描随着探头的移动可持续产生动态的图像。这在很大程度上提高了缺陷的检出率，同时实现了缺陷可视化。一次检测使用多个检测角度尤其可以提高随机的不同方向的缺陷的检出率。

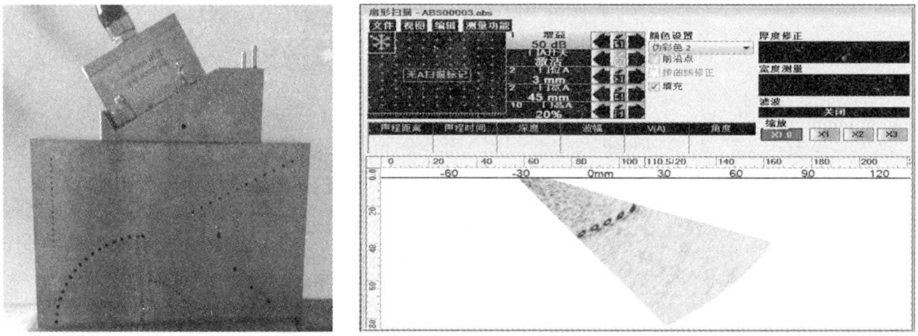

图4–33　64晶片扇形扫描成像示意图

2. 相控阵检测工艺要点

（1）控阵探头参数选择。

如表4–4所示，焊接接头根据其厚度不同，需要选取频率和激发晶片数不同的相控阵检测探头。

表4–4　检测焊接接头时相控阵探头参数选择推荐表

工件厚度（mm）	相控阵探头一次激发的晶片数（个）	主动孔径（mm）	标称频率（MHz）
8～15	16	8	7.5
>15～80	16	8	5/4
>80～150	32	16	5/4

（2）参考试块的选择及 DAC 曲线的制作。

1）试块选择。

NB/T 47013.3 规定的 CSK–ⅡA、CSK–ⅢA 及 RB–3 试块可用做校准参考试块；工件厚度大于 100mm 的焊缝要另行设计试块。

2）DAC 曲线制作。

按常规超声检测制作 DAC 曲线后，再进行扇形范围内的角度补偿，可得到扇形角度范围内的一系列 DAC 曲线。

（3）扇形扫查角度范围选择原则。

1）扇扫起始角度必须大于第一临界角对应的折射角。

2）扇扫角度范围不要过大，过大会出现栅瓣，产生鬼影。

3）扇形角度范围一般要根据检测对象确定。一般设置为 38°～70°，特殊情况也可设置为 35°～80°，大于 70° 受温度影响严重；要通过过理论计算软件来演示其是否合理。

（4）扫查方式。

用相控阵探头对焊缝进行检测时，无需像普通单探头那样在焊缝两侧频繁地来回前后左右移动，只需沿着焊缝长度方向平行于焊缝进行直线扫查，即可对焊接接头进行全体积检测。

3. PA/TOFD/RT 检测比较实例

如图 4–34 所示，厚度 T=19mm 的试板，预制根部裂纹及坡口未熔合缺陷，采用 PA 扇形扫描，TOFD 及 RT 检测，其结果如下。

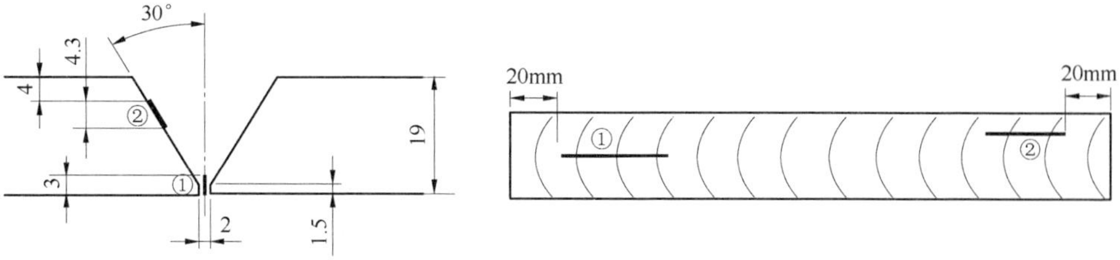

图 4–34　预埋缺陷位置及尺寸图

① 根部裂纹规格：85mm×0.3mm×3.0mm；② 坡口未熔合规格：50mm×3.5mm×4.3mm。

（1）PA 检测结果。

采用 4MHz、32 晶片的相控阵探头，Φ2×20mm 横通孔试块制作 DAC 曲线，采用一、二次波扇形角度范围（40°～70°）进行检测。

PA 检测结果见图 4–35，发现裂纹长度为 85mm，坡口未熔合的长度为 48mm。

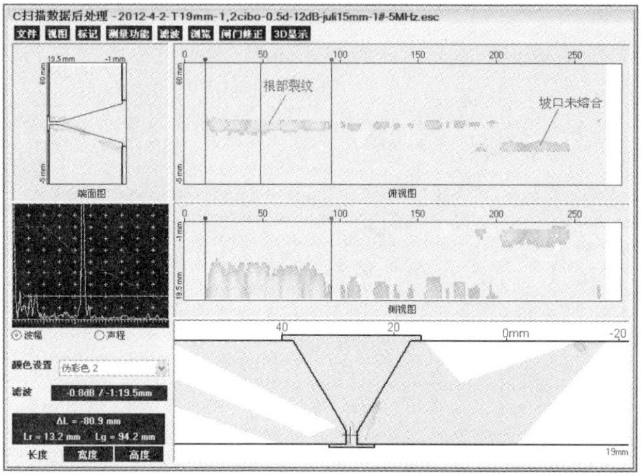

图 4–35　PA 检测裂纹及未熔合显示图片

（2）TOFD 及 RT 检测结果。

如图 4–36（a）所示为 TOFD 检测结果。TOFD 测得根部裂纹埋藏深度 17.7mm，自身高度为 2.3mm，长度为 82mm；测得坡口未熔合深度为 6.1mm，高度为 4.9mm，长度为 47.5mm。

如图 4–36（b）所示为 RT 检测结果。根部裂纹缺陷在 RT 底片上显示长度为 79mm，坡口未熔合缺陷在 RT 底片上显示长度为 25mm。

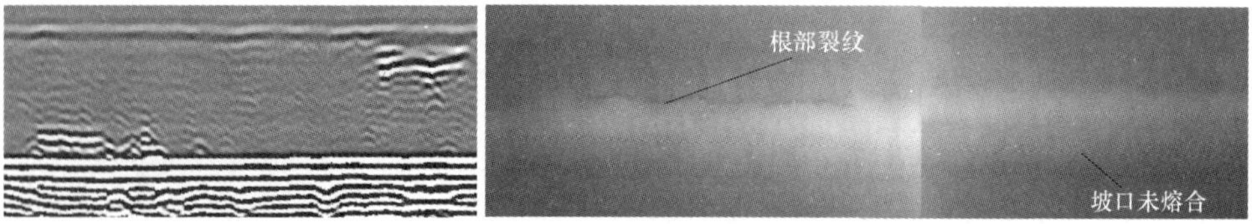

(a)　　(b)

图 4–36　TOFD/RT 检测照片

（a）TOFD 检测照片；（b）RT 检测照片

（3）解剖验证。

见图 4–37，解剖结果表明，根部裂纹自身高度为 2.5mm，未熔合自身高度为 4.5mm。

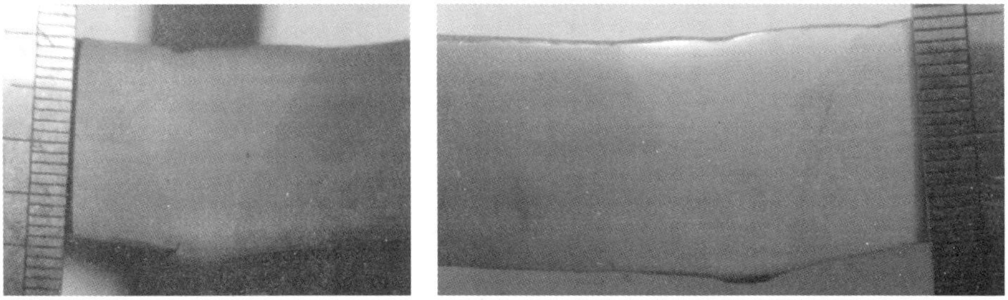

(a) (b)

图 4–37 解剖结果照片

（a）根部裂纹；（b）坡口未熔合

综上结果表明，TOFD 检测可实现对缺陷高度、长度的较精确定量。

4.3.5 X 射线数字成像检测基础知识

X 射线数字成像检测是指采用数字探测器接受 X 射线，输出数字图像并进行图像处理的一种射线成像方法。常用的有 X 射线实时成像技术、计算机 X 射线照相技术（CR）、数字平板直接成像技术（DR）、线阵列扫描成像技术（LDA）等，重点介绍 CR 及 DR 技术。

1. X 射线数字成像检测原理

如图 4–38 所示，射线透照被检工件，衰减后的射线光子被数字探测器接受，经过一系列的转换变成数字信号，再通过计算机处理，以数字图像的形式输出在显示器上。不同数字成像技术的区别主要在于数字探测及转换过程不同。

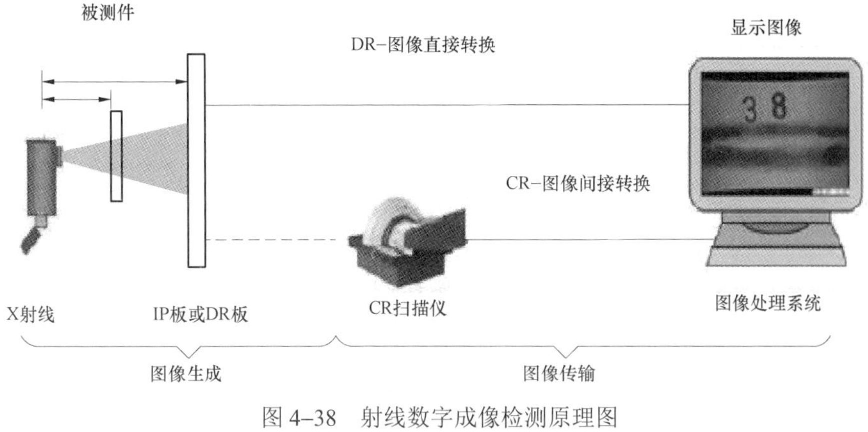

图 4–38 射线数字成像检测原理图

（1）计算机 X 射线照相技术（Computed Radiography，CR）。

系统由 X 射线机、成像板（image plate，IP）、激光扫描读出器、数字图像处理和存储系统组成。计算机 X 射线照相技术是指 X 射线透过工件的信息记录在成像板上，经激光扫描装置读取后，再由计算机处理成数字化图像的技术。

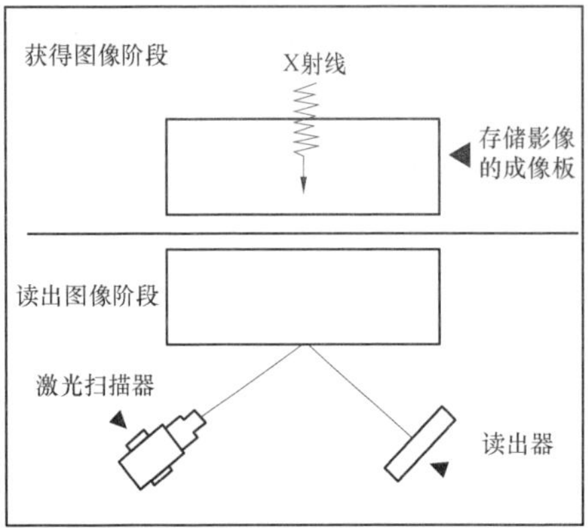

图 4–39　CR 原理示意图

如图 4–39 所示，成像板上的荧光发射物质感光后形成并保留潜影，将带有潜影的荧光成像板置于读出器中，用激光束进行逐点逐行精细扫描，将存储在成像板上的射线潜影转化为可见光信号，再通过具有光电倍增和模数转换功能的读出器将其转化成数字信号，最后由计算机处理形成可视影像。在完成影像读取后，可对成像板上的残留信号进行消影处理，可重复使用数千次。

（2）数字平板直接成像技术（Director Digital Panel Radiography，DR）。

系统由 X 射线机、数字平板、数字图像处理和存储系统组成。它用影像检测器（数字平板）替换工业射线胶片来捕捉 X 射线影像，并将其直接转化成数字图像，最后通过计算机对其处理进行显示和储存。数字平板有非晶硅（a–Si）和非晶硒（a–Se）和 CMOS 三种，正常使用可达数万小时。

1）非晶硅与非晶硒平板。

如图 4–40 所示，两种数字平板成像原理有所不同。非晶硅为间接成像：X 射线首先撞击其板上的闪烁层，该闪烁层以与所撞击的射线能量成正比的关系发出光电子，这些光电子被下面的硅光电二极管阵列采集到，并且将它们转化成电荷。而非晶硒平板成像称为直接成像：X 射线撞击硒层，硒层直接将 X 射线转化成电荷。

硅或硒元件按吸收射线的多少产生正比例的正负电荷对，电荷与其后产生的影像黑度成正比；扫描控制器读取电信号转换为数字信号，计算机处理后显示与存储。计算机图像采集和处理包括图像的选择、图像校正、噪声处理、动态范围、灰阶重建、输出匹配等过程，上述过程完成后，扫描控制器自动对平板内的感应介质进行恢复，整个过程一般需要几秒至十几秒钟时间。

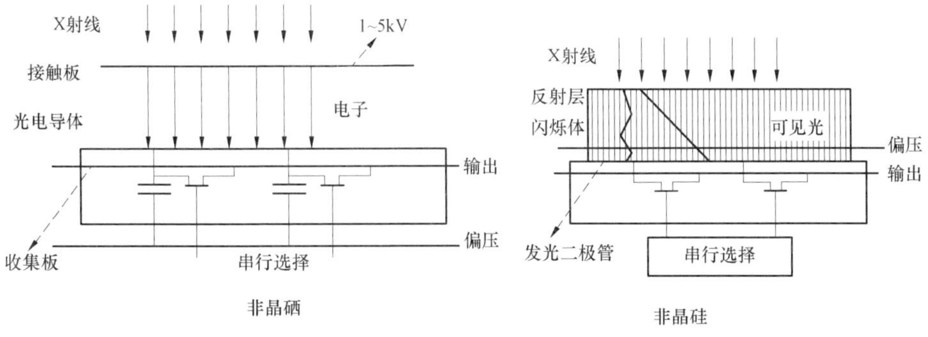

图 4–40 非晶硅与非晶硒成像原理图

2）CMOS 数字平板。

CMOS（Complementary Metal Oxide Silicon）是可记录光线变化的互补金属氧化物硅半导体，CMOS 数字平板由类同普通计算机芯片的 CMOS 记忆芯片集成构成。三种类型：

① 小尺寸平板，规格有 50mm×100mm，100mm×100mm；

② 扫描式平板，可以制作很大尺寸，规格有 75mm×200mm～600mm×900mm；

③ 棒状（或条状）分割相扫描器，可以检测尺寸达 2000mm 的大试件。

扫描式图像接收板从外部看是一个平板，板厚约 75mm，其内部有一个类似扫描仪的移动系统。CMOS 探测器上可以使用任何 X 射线源：脉冲的、整流的、恒压的，电流从几微安培到 30 安培，扫描式探测器要求恒压 X 射线机、能量从 20keV 到 300keV 的电压及任何大小的电流。改进的 CMOS 探测器也可以接收 450keV 到 20MeV 能量。

3）性能比较。

小型 CMOS 探测器的像素尺寸为 39～48μm，扫描式 CMOS 线阵探测器的像素为 80μm，要比非晶硅或硒接收板的空间分辨率高 30%。

小型 CMOS 系统曝光时间约为 0.5～3s，加数据传输处理显示共计需要 10s。采用扫描式系统，图像接收板的扫描速度最高可达 2.5m/min。

各种数字成像技术图像质量的比较：使用几何放大的图像增强器线性的空间分辨率约为 300μm，二极管阵列（LDA）的空间分辨率约为 250μm，非晶硅/硒接收板的空间分辨率约为 130μm，CR 平板的空间分辨率约为 100μm，小型 CMOS 探测器的像素尺寸约为 50μm，扫描式 CMOS 阵列探测器的像素为 80μm，使用几何放大的扫描式 CMOS 阵列探测器的空间分辨率可达到几微米。

2. X射线数字成像检测设备

（1）X射线机。

应根据工件材质、规格选用合适的X射线，特别是焦点应匹配。

（2）数字探测器。

把X射线信号转变为数字信号的电子装置。动态范围，即在线性输出范围内，X射线成像系统最大灰度值与暗场图像标准差的比值，应不小于2000:1，A/D转换位数不小于12bit。

（3）计算机及其软件系统。

图像处理、存储能力及显示性能应符合要求。

（4）像质计等辅助器材。

（5）像质计分为图像灵敏度和图像分辨率两种类型像质计，图像分辨率像质计为双丝型像质计，灵敏度像质计跟普通射线照相要求类似。

3. X射线数字成像检测工艺要点

（1）射线能量选择、焦距、像质计灵敏度及透照次数、标记摆放等要求类似普通射线胶片成像检测技术，曝光量明显减小。

（2）为控制数字系统图像质量，增加了用双丝像质计考核图像分辨率的要求。

4. X射线数字成像检测技术特点

（1）曝光时间短，检测灵敏度高，宽容度大。

由于有图像的叠加功能，可降噪并增强对比度，所以只需要较少的曝光量，并提高检测灵敏度要更高，增加曝光宽容度。

（2）提高工作效率，且更加便利、环保。

（3）设备价格比较高。

4.3.6 漏磁检测技术基础知识

漏磁检测（Magnetic Fluxleakage Testing，MFT）是十分重要的无损检测方法。目前漏磁检测技术应用越来越广泛，工业上大量应用于石油化工、钢铁等行业的长输油气管道、储罐底板、钢管、钢板、钢棒、钢丝绳、链条、钢结构件以及铁轨等表面及近表面的裂纹、腐蚀、气孔、凹坑、夹杂等缺陷的检测，也可用于铁磁性材料的测厚。

1. 漏磁检测原理

（1）基本原理。

如图 4–41 所示，当用励磁源磁化被检铁磁材料工件时，若材质是连续、均匀的，则磁感应线将被约束在材料中，被件表面没有磁场。但当材料中存在着切割磁力线的表面或近表面缺陷时，由于缺陷的磁导率一般较小，磁阻大，会使一部分磁感应线改变途径，在材料表面缺陷处形成漏磁场。采用磁粉检测漏磁通的方法称为磁粉检测法；而用磁敏传感器探测漏磁信号并放大、滤波、分析识别、显示，建立漏磁场和缺陷的量化关系达到无损检测目的，则称为漏磁检测法。

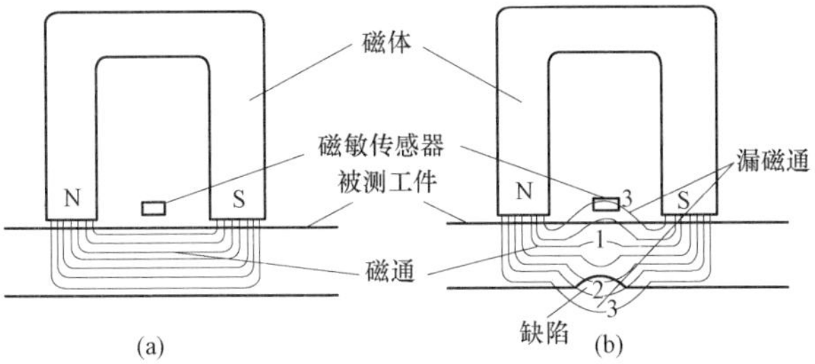

图 4–41　漏磁检测原理示意图

（a）无缺陷；（b）有缺陷

（2）磁化。

按所用励磁磁源分为交流磁化、直流磁化、永磁磁化和脉冲磁化四种。

1）交流磁化。

交流磁场操作趋肤效应和涡流，磁化的深度会随电流频率的增高而减小。

交变磁化时，检测的结果和时间有关，由于缺陷位置的不确定性，会使缺陷在不同的磁化周期内检测得到的结果不相同，一般采用 50Hz 磁化电源无法得到缺陷的完整信息，检测可靠性差，所以，为了可靠充分采集到缺陷的信号频谱，漏磁检测交流磁化的频率一般在 1kHz 以上。

近年来，随着对漏磁场检测技术的研究不断深入，也有利用低频磁化渗透深度大的特点，来增加漏磁检测发现埋藏深度更大缺陷的能力。如采取提取信号相位方法来检测工件厚度的变化可靠性很高。

2）直流磁化。

直流磁化分直流脉动电流磁化和直流恒定电流磁化，磁化强度通过控制电流的大小来调节。可以检测出深达十几毫米表层下缺陷。

3）永磁磁化。

永磁磁化以永久磁铁作为励磁源。无需电源，与直流恒定电流磁化方式具有相同的特性，但在磁化强度的调整上不及直流磁化方式方便，其磁化强度需要通过磁路设计来保证。

以永久磁铁为磁源的漏磁检测装置具有使用方便、灵活、体积小及重量轻等特点，所以永磁磁化方式是在线漏磁检测设备中磁化被测构件的优选方式。

4）脉冲磁化。

磁化电流是脉冲电流，是一种基于基频的宽频方波或尖脉冲，可看作是由许多单频波叠加合成的脉冲波，该种磁化技术既可获得充分的磁化效果，又对杂散信号有一定的抑制作用，同时可以减小磁化装置的体积和重量。

磁化强度的选择要先以缺陷或结构特征产生的磁场能否被检测到为前提，另外，检测信号的信噪比和检测装置的经济性等也应成为考虑的因素，必须多方面综合考虑，择优选择磁化强度。

（3）信号测量。

漏磁场检测传感器是漏磁场检测的关键部分，要完整、不失真地反映缺陷漏磁场。

1）基本要求：

① 灵敏度。应可检出规定深度人工槽缺陷，并满足信号传输的不失真或干扰影响最小的要求。

② 空间分辨力及信噪比。应能测量出空间域变化频率较高的磁场信号；有用信号（如裂纹检测信号）与无用信号（如测量中的电噪声和被测磁场中的磁噪声）幅度之比，即信噪比必须大于 1。

③ 覆盖范围、稳定性、可靠性应符合要求。

2）常用磁测量元件：

① 感应线圈。当线圈贴着管道表面扫查时，缺陷产生的漏磁场会引起穿过线圈磁通量的变化，从而线圈中会产生感生电动势形成缺陷信号。

感应线圈测量的是磁场的相对变化量，对高频磁场信号比较敏感。检测灵敏度取决于线圈匝数和相对移动速度，结果易受线圈运动速度的影响，信号处理电路较为复杂。

② 霍尔元件。当前的漏磁检测仪器中，漏磁场检测所用的传感器主要是霍尔元件。

霍尔元件检测漏磁信号原理是：当电流 I 沿与磁场 B 的垂直方向通过时，在与电流和磁场垂直的霍尔元件两侧产生霍尔电势 V_H。

$$V_H=K_H\times I\times B\times\cos\alpha$$

式中 K_H——霍尔系数；

I——供电电流；

B——磁感应强度；

α——磁感应强度与霍尔元件的法线夹角。

其优点是有较宽的响应频带，测量范围大、体积小，能够测量静态磁场，当霍尔元件的条件确定后，霍尔电势直接反映的是磁感应强度的大小，输出电势 V_H 与检测元件相对于磁场的运动速度无关，因此霍尔元件不会受到检测的非匀速性的影响，所以适应性更强，能够更精确反映缺陷 D 的非均匀漏磁场变化。

近年来随着半导体技术的发展，霍尔器件的灵敏度提高，使漏磁检测的可靠性和检出率也显著提高。但是霍尔元件需要电源供应，通常线性霍尔元件的功耗是 40mW 左右。

③ 其他类原件。

磁敏二极管和磁敏三极管：它的灵敏度比霍尔元件要高几百倍，特别适合探测微小磁场变化，具有体积小和灵敏度高等特点。但由于温度系数和输出的非线性，实际应用并不多见。

磁通门：磁通门传感器原理是建立在法拉第电磁感应定律和某些材料的磁化强度与磁场强度之间的非线性关系上。磁通门的灵敏度很高，可以测量 10^{-5}～10^{-7}T 弱磁场。

磁敏电阻：灵敏度是霍尔元件 20 倍左右，一般为 0.1V/T，工作温度在–40～150℃，具有较宽的温度使用范围。

2. 漏磁检测设备器材

（1）漏磁检测系统。

随着漏磁检测技术的发展，应用领域越来越广，漏磁检测系统结构形式也各式各样，但一般都包括电源、磁化装置、探头、扫查装置、信号处理单元和记录单元等组成。

如图 4–42 所示为长输油气管道管道漏磁检测仪。由电池节为检测器提供电源；计算机节用于收集、处理所采集的信号并进行存储；测量节采用永磁铁磁化并安装有 800 个主探头采集漏磁信号；动力节为检测器驱动装置；里程轮为用于定位。

（2）试件。

标准试件：用于功能测试，调节检测参数及灵敏度，材质应与被检工件相同或相近。

对比试件：用于实际检测缺陷信号当量的量化评价和确定验收。应与被检工件的材质、规格、表面状态相同或相近。

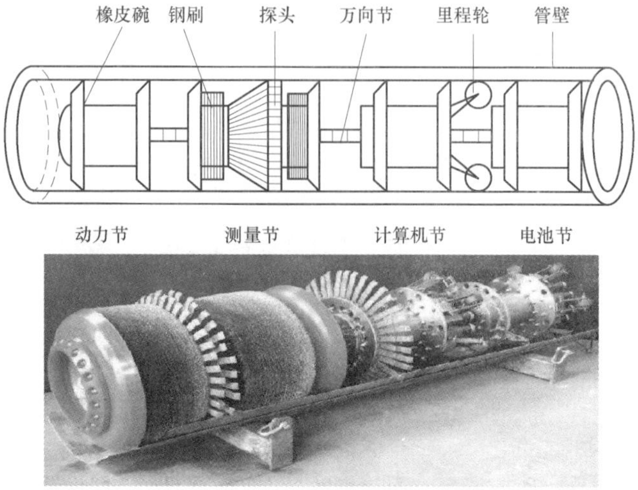

图 4–42　管道漏磁检测仪原理图及实物图

3. 漏磁检测工艺要点

（1）扫查方向应采用励磁方向与缺陷方向垂直的正交扫查方式。

（2）按要求校准检测灵敏度调整，应考虑被检工件表面状况如涂层等对灵敏度的影响。

（3）扫查速度。扫查速度过大，工件的磁化强度会降低，缺陷漏磁信号的幅值也会降低，应按设备规定的扫查速度进行扫查，且速度尽量保持均匀。

（4）扫查重叠。应保证相邻扫描带之间的有效重叠（一般不低于 10%），不引起漏检。

4. 漏磁检测技术特点

（1）能检出带涂层铁磁性材料母材表面裂纹面积性和腐蚀、厚度减薄等体积型缺陷。

（2）能确定缺陷的位置，并给出表面开口缺陷的长度或体积型缺陷的深度当量。

（3）易于实现自动化，且高效能、无污染。

漏磁检测方法是由传感器获取信号，可由系统软件判断有无缺陷和定位、定量，因此非常适合于组成自动检测系统。实际工业生产中，漏磁检测被大量应用于钢管、钢棒、钢板的自动化检测；

磁粉检测需要对工件进行打磨，而漏磁检测则不需打磨表面，检测速度快且无任何污染。

（4）只适用于铁磁性材料表面和近表面缺陷的检测，不适合于检测形状复杂的工件的检测。

4.4 无损检测方法应用选择

4.4.1 承压类特种设备制造过程中无损检测方法的选择

1. 原材料检验

（1）板材 UT。

（2）锻件和棒材、管材　UT、MT（PT）。

（3）螺栓 UT、MT（PT）。

2. 焊接检验

（1）坡口部位 UT、PT（MT）。

（2）清根部位 PT（MT）。

（3）对接焊缝 RT（UT）、MT（PT）。

（4）角焊缝和 T 形焊缝 UT（RT）、PT（MT）。

3. 其他检验

（1）工卡具焊疤 MT（PT）。

（2）复合材料复合层检测，爆炸复合层 UT。

（3）复合材料复合层检测，堆焊复合层，堆焊前 MT（PT）。

（4）复合材料复合层检测，堆焊复合层，堆焊后 UT、PT。

（5）水压试验后 MT。

4.4.2 常规无损检测方法对检测对象的适应性

表 4–5　　检测方法对检测对象的适应性

	检测对象	内部缺陷检测方法		表面近表面缺陷检测方法		
		RT	UT	MT	PT	ET
试件分类	锻　件	×	●	●	●	△
	铸　件	●	○	●	○	△
	压延件（管、板、型材）	×	●	●	○	●
	焊缝	●	●	●	●	×

续表

检测对象			内部缺陷检测方法		表面近表面缺陷检测方法		
			RT	UT	MT	PT	ET
缺陷分类	内部缺陷	分层	×	●	—	—	—
		疏松	×	○	—	—	—
		气孔	●	○	—	—	—
		缩孔	●	○	—	—	—
		未焊透	●	●	—	—	—
		未熔合	△	●	—	—	—
		夹流	●	○	—	—	—
		裂纹	○	○	—	—	—
		白点	×	○	—	—	—
	表面缺陷	表面裂纹	△	△	●	●	●
		表面针孔	○	×	△	●	△
		折叠	—	—	○	○	○
		断口白点	×	×	●	●	—

注 ●表示很适用；○表示适用；△表示有附加条件适用；×表示不适用；—表示不相关。

4.4.3 无损检测方法应用

1. 规范掌握应用好常规无损检测方法

（1）常规无损检测方法还是当前最为有效的检测手段。

经过发展成熟的五种常规无损检测方法足可解决几乎所有无损检测项目，声发射及漏磁检测技术是有效补充。

（2）规范开展无损检测工作。

规范开展无损检测工作是法规标准的要求。

应根据法规、检验对象和标准要求，并针对本单位特点编制工艺规程，结合检测对象的具体检测要求编制操作指导书，首次应用需验证工艺规程。

无损检测工作不规范，不预先做好策划、准备并开展对比试验和培训，就可能出现漏检或误判，并可能导致整个工作实效。

（3）常态开展常规无损检测技术总结创新十分重要。

要通过模拟对比试验，缺陷解剖验证，结合具体问题进行技术资料查新和总结，是改进工作、提高常规无损检测技能的必由之路。

2. 用发展的眼光开展新技术新方法应用

（1）要结合解决实际工程问题实现新方法引进；

（2）要用降低成本、提升效率的思维开展新方法应用；

（3）注意新老方法的的结合。

如用 TOFD 技术对常规超声波、射线检测发现缺陷进行复核验证效果非常好。

复 习 题

1. 现代无损检测的定义？
2. 无损检测的目的是什么？
3. 常用无损检测方法有哪些？
4. 如何使用无损检测技术？
5. 一般应根据工件哪些特点来选择选择无损检测方法？
6. 简述射线照相法原理及其工艺特点。
7. 简述超声波检测原理及其工艺特点。
8. 简述磁粉检测原理及其工艺特点。
9. 简述渗透检测原理及其工艺特点。
10. 简述涡流检测原理及其工艺特点。
11. 简述声发射检测原理及其工艺特点。
12. 射线照相法与数字成像法检测工艺有何不同？
13. 检测表面缺陷的方法用哪些？各有何特点？
14. 检测内部缺陷缺陷的方法有哪些？各有何特点？
15. 各种检测方法的英文简称是什么？

5

实际操作考核一次性规定、记录报告及评分标准

5.1 射线检测

5.1.1 射线检测Ⅱ级人员评片考核一次性规定

（1）考生应带身份证，按照考核时间表安排，提前15min在考场外候考。

（2）每人随机抽取一袋底片，考核时间 50min，清点准备好相关评片工具，戴上手套，独立使用一盏观片灯完成评定并填写记录报告。

（3）每袋10张底片，底片编号1～10，并标注有相关材质、规格信息。

（4）将底片编号面对自己并置于左上方进行评片，按《射线检测Ⅱ级人员底片评定考核报告记录》格式要求填写记录。

1）规格、材质按底片标识信息填写。

2）焊缝型式、施焊位置、焊接方法在相应的栏内打“√”表示。

3）把底片有效评定范围内发现的主要缺陷标记到“缺陷的定性、定量、定位（图示）”栏内。各类缺陷性质及大小分别以代号并加数字表示：裂纹代号为“A”，未熔合为“B”，未焊透为“C”，条形缺陷为“D”，圆形缺陷为“E”；缺陷尺寸值标注在代号后，如 8mm 长的裂纹记录为“A8”，圆形缺陷 9 点记录为“E9”等；几条同类型的线性缺陷集中在一起时，可只记录最长者尺寸，并附条数记录，如某处有3条裂纹在一起，最长者为10mm，可记录成“A10×3”。

4）伪缺陷、内外咬边、凹陷、烧穿、焊瘤等要在备注栏注明，但不参加评级。

5）缺陷综合评级，要先对各类缺陷分别评级，取质量最低的级别作为综合评级的级别，如各类缺陷评级相同时，则降一级作为综合评级的级别，并要在备注栏予以说明。

（5）有搭接标记时，评级仅限于搭接标记范围内（包括丁字焊缝）的缺陷进行评定，如没有搭记标记，则需要对全片进行评定，有效评定范围的缺陷应按要求标注缺陷类型和大概位置。搭接标记外存在裂纹或未熔合、未焊透等危险性缺陷时时，应在备注栏中注明，其他缺陷可不予标注。

（6）应妥善保护好底片，严禁污损底片，对故意污损人员，除经济赔偿外，考试成绩按不合格论处，并通报考生单位。

5.1.2 射线检测Ⅱ级人员底片评定考核报告记录及评分标准

1. 射线检测Ⅱ级人员底片评定考核报告记录表格式及填表说明

底片评定考核报告记录表填写说明：

（1）“序号”——按底片上所标注的1～10的序号次序、依次评定。

（2）“规格”“材质”——按底片上所给定的数据填写，规格指板厚或管子直径及壁厚。

（3）“焊缝型式”“焊接方法”“施焊位置”将所选写结果在相应栏内画“√”。

（4）“缺陷的定性、定量、定位（图示）”一栏，须标出缺陷性质代号（见表5–2）、大致图形及长度（mm）、点数、其位置与底片中缺陷所在的位置相对应。

（5）填写示例：某一在平焊位置的手工焊加埋弧焊的双面焊焊缝底片上有裂纹，它的长度是8mm，位于距底片左端1/3处；另在距左端2/3处的评定区内的若干个圆形缺陷，评为6点，应在评定表中按表5–3的格式填写。

（6）“评级”——填写按考核所规定标准评定出的底片级别。

（7）材缺陷、表面缺陷及伪缺陷在备注栏中注明。

2. 射线检测Ⅱ级人员底片评定考核评分标准

射线检测Ⅱ级人员底片评定考核报告记录表及填写说明见表5–1。考核底片10张，其中，9张为板状对接焊缝底片，1张为小径管对接焊缝底片，每张底片计10分，共计100分。每张底片评分标准如下：

（1）各考核项目分数及占比。

（2）缺陷漏评。

1）裂纹漏评扣6分，少评每条处（横向裂纹及弧孔裂纹群按处计数）扣2分，最多4分。

表 5–1

射线检测Ⅱ级人员底片评定考核报告记录表及填表说明

考核号：

姓　名：

底片袋编号__________　　成绩__________

序号	规格	材质	焊缝型式			焊接方法				施焊位置					缺陷的定性、定量、定位（图示）	评级	备注
			双面焊	单面焊	单面焊加垫板	手工焊	埋弧焊	电渣焊	氩弧焊	平焊	立焊	横焊	仰焊	全位置			
1																	
2																	
3																	
4																	
5																	
6																	
7																	
8																	
9																	
10															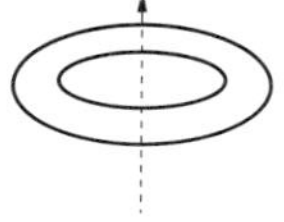		

代　码	A	B	C	D	E
缺陷性质	裂纹	未熔合	未焊透	条渣或条孔	圆形缺陷

进场时间______　出场时间______　实际用时______

监考人__________　日期__________

评分人__________　日期__________

表 5–2　　　　缺陷性质代号表

代　码	A	B	C	D	E
缺陷性质	裂纹	未熔合	未焊透	条渣或条孔	圆形缺陷

表 5–3　　　　评定表示例

序号	规格	材质	焊缝型式			焊接方法				施焊位置					缺陷的定性、定量、定位（图示）	评级	备注
			双面焊	单面焊	单面焊加垫板	手工焊	埋弧焊	电渣焊	氩弧焊	平焊	立焊	横焊	仰焊	全位置			
1	20	20g	√			√	√			√					A8～ ↑ ∴E6	Ⅳ	

表 5–4　　　　各考核项目分数表

序号	考核项目	分数	评　分　规　则
1	焊接方法	0.5 分	不正确不得分
2	施焊位置	0.5 分	
3	缺陷定性、定量、定位	6 分	分别按 2、3、4 项规定扣分，最多扣 6 分
4	缺陷评级	3 分	按 5 项规定扣分

2）未焊透、未熔合漏评扣 5 分，少评每条扣 1 分，最多扣 3 分。

3）条状缺陷漏评扣 3 分，少评每条扣 1 分，最多扣 2 分。

4）漏评最严重的圆形缺陷扣 1 分，少评不扣分。

5）搭接标记以外，或底片两端 10mm 范围内，存在裂纹或未熔合、未焊透等危险性缺陷未在备注栏中注明的扣 2 分，其他缺陷未注明不扣分。

6）伪缺陷、内外咬边、凹陷、烧穿、焊瘤等未在备注栏中标注的，扣 0.5 分。

（3）缺陷定性错误。

1）裂纹↔未熔合↔未焊透，扣 2 分；裂纹↔条状缺陷或圆形缺陷，扣 5 分。

2）未熔合↔未焊透，扣 3 分；未熔合↔条状缺陷，扣 4 分；未熔合↔圆形缺陷，扣 5 分。

3）未焊透↔条状缺陷，扣 2 条；未焊透↔圆形缺陷，扣 5 分。

4）条状缺陷↔圆形缺陷，扣 2 分。

5）伪缺陷误判裂纹扣 4 分；伪缺陷↔未熔合、未焊透，扣 3 分；伪缺陷↔条状缺陷，扣 2 分；伪缺陷↔圆形缺陷，扣 1 分。

6）小径管焊缝，根部未熔合、未焊透↔根部内凹、咬边，扣 1 分；单侧未焊透↔根部未熔合不扣分。

（4）缺陷定量、定位。

1）线性缺陷长度误差超过±2mm 时，扣 1 分，其他不扣分。

2）陷定位标示超过中心标记扣 1 分，其他不扣分。

（5）评级。

1）Ⅰ级↔Ⅱ级或Ⅱ级↔Ⅲ级，扣 0.5 分。

2）Ⅰ级↔Ⅲ级，扣 1.0 分。

3）Ⅲ级↔Ⅳ级，扣 1.5 分。

4）Ⅱ级↔Ⅳ级，扣 2 分。

5）Ⅰ级↔Ⅳ级，扣 3 分。

5.1.3 射线检测Ⅰ级人员实际操作考核报告记录及评分标准

1. 射线检测Ⅰ级人员实际操作考核报告记录

考核号：
姓　名：

表 5–5　射线检测Ⅰ级人员实际操作考核报告记录表

工件名称			规　格		材质	
检测条件及工艺参数	检测地点				探伤机型号	
	热处理状态		焊接方法		焊缝坡口型式	
	焦点尺寸 mm		透照方式		胶片类型/等级	
	增减方式及厚度	□Pb □Fe 前屏后屏			胶片规格	mm
	检测时机		表面状态		操作指导书编号	
	板厚	mm	源 种 类	□X□Ir192	透照技术	□单 □双
	背散射屏蔽铅板	□有 □无			滤光板	□有 □无
	L_1（焦距）	mm	射线源至工件距离 f	mm	工件至胶片距离 b	mm
	管电流	mA	管电压/源活度	kV/Ci	曝光时间	min
	象质计型号		应识别丝号		暗室处理方式	
	显影液配方		显像时间	min	显像温度	℃
	检测技术等级	□A□AB □B			底片黑度	
	要求检测比例	%	实际检测比例	%	工艺规程编号	
	检测标准				合格级别	

续表

备注：	
检测人员： 检测日期：　　年　月　日	校核人员： 校核日期：　　年　月　日

进场时间 ___________ 出场时间 ___________ 实际用时___________

监考人___________　　　　　日期___________

2. 射线检测Ⅰ级人员实际操作考核评分表

表 5–6　　　　射线检测Ⅰ级人员实际操作考核评分表

考核号：

总计得分：__________　　　　　　　　　　　　姓　名：

序号	一、透照及暗室处理环节评分，标准分 50。管板分数占比 50%						
	项　目		标准分	要求	考评得分		备注
					板	管	
1	准备工作	标记摆放	2	符合标准			
2		象质计摆放	2				
3		散射线屏蔽	2				
4	参数选择	焦距	3	符合要求			
5		电压	3				
6		管电流	3				
7		曝光时间	3				
8	仪器操作	开机前检查	4	程序正确			
9		训机及确认	4				
10		开关机	4				
11	暗室处理	显影	10	操作正确			
12		停影	3				
13		定影	5				
14		水洗	2				
	二、底片质量评分，标准分 50 分						
15	标记是否齐全	中心标记	2	符合规定			
16		工件标记	2				
17		考号标记	2				
18		搭接标记	4				

续表

<table>
<tr><td rowspan="3">序号</td><td colspan="7">二、底片质量评分，标准分 50 分</td></tr>
<tr><td colspan="2" rowspan="2">项　　目</td><td rowspan="2">标准分</td><td rowspan="2">要求</td><td colspan="2">考评得分</td><td rowspan="2">备注</td></tr>
<tr><td>板</td><td>管</td></tr>
<tr><td>19</td><td rowspan="3">底片是否损伤</td><td>水　痕</td><td>3</td><td rowspan="3">无</td><td></td><td></td><td></td></tr>
<tr><td>20</td><td>手印划伤</td><td>3</td><td></td><td></td><td></td></tr>
<tr><td>21</td><td>胶膜脱落</td><td>3</td><td></td><td></td><td></td></tr>
<tr><td>22</td><td rowspan="4">底片质量是否合格</td><td>象质计号</td><td>6</td><td rowspan="4">符合规定</td><td></td><td></td><td></td></tr>
<tr><td>23</td><td>底片黑度</td><td>6</td><td></td><td></td><td></td></tr>
<tr><td>24</td><td>清晰度</td><td>6</td><td></td><td></td><td></td></tr>
<tr><td>25</td><td>椭圆开口</td><td>3</td><td></td><td></td><td></td></tr>
<tr><td>26</td><td colspan="2">记录报告质量</td><td>10</td><td></td><td></td><td></td><td></td></tr>
<tr><td>说明</td><td colspan="7">1. 胶片装入暗盒统一进行；
2. 实际操作时间 40min，暗室时间 20min（水洗在暗室外进行），共计 60min。超时不能超过 15min，超时小于或等于 5min 扣 2 分，超时 5～10min 扣 2 分，超时 5～10min 内扣 6 分，超时 10～15min 扣 10 分</td></tr>
</table>

评分人____________　　　　　　　　　日期____________

主考人____________　　　　　　　　　日期____________

5.2 超声波检测

5.2.1 超声波检测Ⅰ、Ⅱ级人员实际操作考核一次性规定

1. 所需考核试件规定

（1）报考超声波Ⅰ级（UTⅠ）人员考核锻件 1 件。

（2）无 UTⅠ级证直接报考超声波Ⅱ级（UTⅡ）人员，考核锻件和焊缝试件各 1 件。

（3）持有 UTⅠ级证报考 UTⅡ级及 UTⅡ级换证人员考核焊缝试件 1 件。

2. 考试时间规定

（1）操作时间：锻件 30min，焊缝试件 60min（换证考核 50min）。

（2）报告时间：30min。

3. 采取抽签法随机选取试件，签号即试件编号和考位号。

4. 考场纪律规定

（1）考生应带身份证按考核时间表安排提前 15min 在考场外等待；考场内外保

持安静，不得喧闹；非考人员不得进入考场，考核人员考试完毕即刻离开考场。

（2）可自带仪器、探头和标准、计算器等器具和资料。

（3）独立完成操作考试，操作完毕后应报告监考人员并负责完成考位清理和考试试件的归位工作。

（4）在规定区域规定的时间内独立编写“考核报告记录”报告，编写完成后交监考人员。

（5）考试过程中发生仪器故障等问题时可报告监考人员帮助解决，但不得询问与仪器调试及检测结果有关问题。

5. 锻件检测操作及记录报告填写的规定

（1）锻件考核试件一般为方形或圆柱形锻件，将试件编号侧面向自己，近编号侧立面为探侧面，如图 5–1 所示。

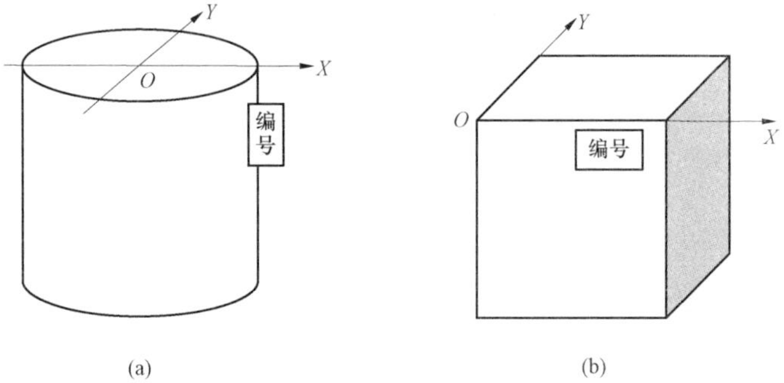

图 5–1　锻件摆放示意

（a）圆柱形试件；（b）方形试件

（2）测量试件尺寸，方形锻件按长×宽×高记录数据，圆柱锻件按直径×高记录。

（3）按大平底法调节探伤灵敏度。

（4）初探时发现缺陷数超过两处，可只选择记录 2 个主要缺陷进行精检测定位定量。

定位应记录的数据：

① 缺陷处探测面坐标 X 及 Y 值；

② 缺陷深度 h 值。

定量应记录并计算的数据：

① BG/BF（dB）——因缺陷引起的底波降低量；

② A_{max}（ϕ4±dB）—缺陷最大反射波ϕ4 平底孔当量。

（5）按附后“锻件超声检测考核报告记录”填写报告，填写数据要完整，如填写错误应进行划改而不得进行涂改。

6. 焊缝检测操作及记录报告填写的规定

（1）试件编号面为探测面，置于左上角，左端边缘为测量零点，如图 5–2 所示。

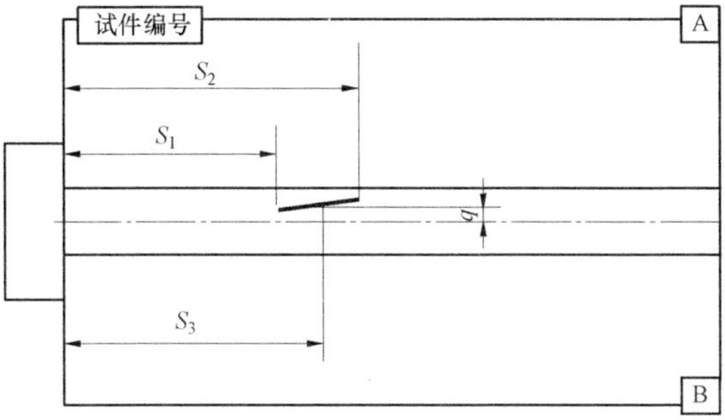

图 5–2　焊版试件摆放示意图

（2）测量试板尺寸（板长×板厚）查看坡口型式，并做好记录。

（3）声能损失修正即表面耦合补偿规定为 3dB，距离—dB 曲线的制作，应覆盖检测范围且不少于 5 点。

（4）焊板两端各 10mm 内发现的缺陷可不予记录。

（5）缺陷反射波高于定量线应予记录，初探发现缺陷数量多于 2 处时，精探可只选取 2 处当量或长度较大的缺陷进行定量，一般情况下均可按评定线绝对灵敏度法测长，当缺陷是明显单峰时也可采用 6dB 法进行测长。

（6）缺陷定位定量应记录数据如下：

定位应记录的数据：

① S_1——缺陷左端至 0 线的距离；

② S_2——缺陷右端至 0 线的距离；

③ S_3——最高反射波处缺陷距 0 线的距离；

④ q——最高反射波处缺陷离焊缝中心线的距离；

⑤ h——缺陷的埋藏深度。

定量应记录或计算的数据：

① 缺陷长度 L—（S_2–S_1）；

② 最高反射波处缺陷高于定量线 dB 数，即 SL±XdB。

（7）按附后“焊缝超声检测考核报告记录”填写报告，填写数据要完整，如填写错误应进行划改而不得进行涂改。

5.2.2 超声波检测考核报告记录格式及评分标准

1. 锻件超声检测考核报告记录格式及评分标准

（1）锻件超声检测考核报告记录见表 5–7。

表 5–7　锻件超声检测考核报告记录表

考核号：
姓　名：

试件材质		锻件厚度（mm）		试件编号	
仪器型号		探头型号		参考试块	
耦合剂		表面补偿		灵敏度	
检测标准				验收级别	

缺陷序号	X（mm）	Y（mm）	H（mm）	BC/BF（dB）	A_{max}（ϕ4±dB）	评定级别	备注

示意图：

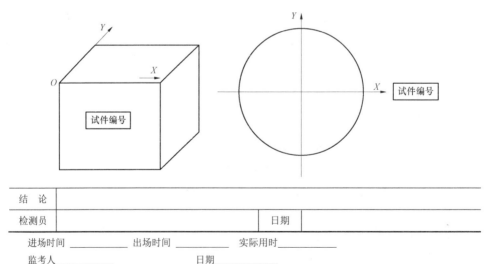

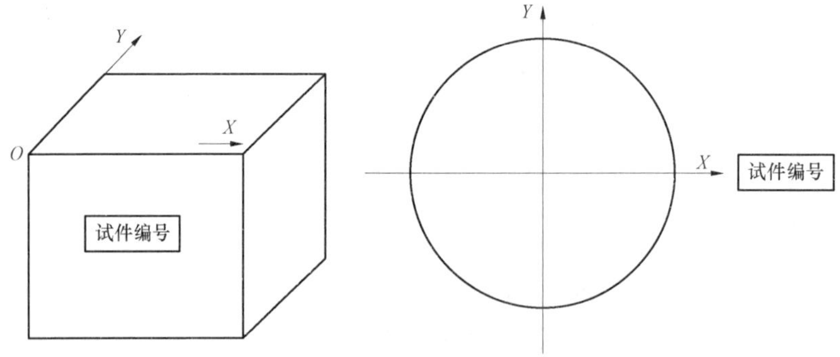

结　论			
检测员		日期	

进场时间 ____________ 出场时间 ____________ 实际用时____________

监考人____________　　　　　　　日期____________

（2）锻件超声检测考核评分见表 5–8。

表 5–8　　锻件超声检测考核评分表

考核号：
姓　名：

试件编号______　　　　总计得分______

序号	考核项目	满分	评分细则		得分	备注
1	探伤准备及灵敏度调试	15	工件规格测量准确	1 分		
			探头频率、直径选择正确	2 分		
			仪器旋钮调节正确	3 分		
			扫描比例调节准确	3 分		
			对比试块选择正确	3 分		
			灵敏度调试符合标准要求	3 分		
2	探伤结果	15	X（mm）	±4mm 内不扣分；每超 1mm，每个扣 $2/n$ 分；≥±9mm，每个扣 $15/n$ 分		
		15	Y（mm）			
		15	H（mm）			
		15	BG/BF（dB）	±3dB 内不扣分；每超 1dB，每个扣 $2/n$ 分；≥±8dB，每个扣 $15/n$ 分		
		15	A_{max}（$\phi 4 \pm$dB）			
3	级别评定及探伤报告	10	报告内容齐全、数据准确	3 分		n 为缺陷总个数
			示意图规范、完整、图形清楚	4 分		
			评级正确得 $1/n$ 分，误差 1 级扣 $3/n$ 分，误差大于 2 级扣 3 分	3 分		

备注：a. 考试时间为 30min，超时不能超过 15min。超时小于或等于 5min 扣 2 分；超时 5～10min 内扣 6 分，超时 10～15min 扣 10 分。
b. 无缺陷处判有缺陷的每处扣 15 分，漏检主要缺陷每个扣 $50/n$ 分，次要缺陷每个扣 $30/n$ 分

评分人__________　　　　日期__________
主考人__________　　　　日期__________

2. 焊缝超声波检测考核报告记录格式及评分标准

（1）焊缝超声检测考核报告记录基础数据见表 5–9。

表 5–9　　**焊缝超声检测考核报告记录**

考核号：
姓　名：

一、基础数据

试样编号		试样厚度		焊接方法		坡口型式	
仪器型号		探头规格		扫描比例		耦合补偿	
对比试块		标准试块		检测灵敏度			
入射点测定	1）____2）____3）____平均____			K 值测定	1）____2）____3）_____ 平均____		

二、距离—波幅曲线测试记录表（不少于 5 点）

距离（mm）						
仪器 dB 余量						

三、缺陷检测记录及位置标识

序号	S_1（mm）	S_2（mm）	长度 L	缺陷距焊缝中心距离 q（mm）		缺陷焊缝表面深度（mm）h	S_3（mm）	高于定量线 dB 数	波高区域
				A	B				

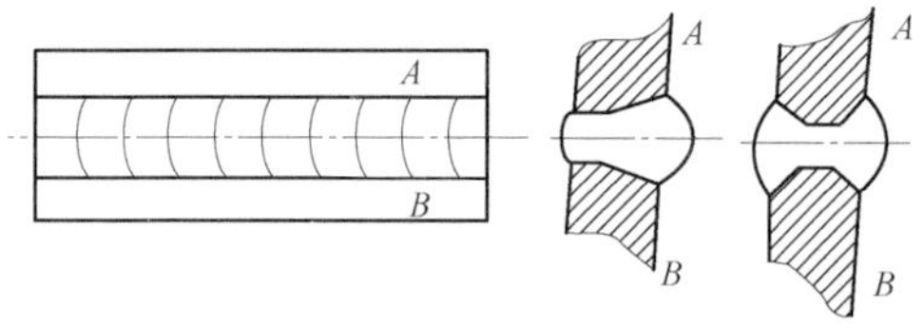

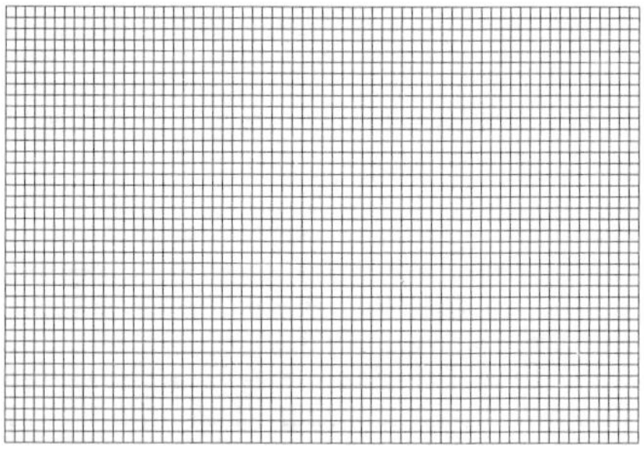

备注：S_1：缺陷起始点距试板左端基准线距离；S_2：缺陷终点距试板左端基准线距离；S_3：缺陷波幅最高时距试板左端基准线距离

进场时间____________　出场时间____________　实际用时____________

监考人________________　　　　日期____________

（2）钢板对接焊缝超声检测考核评分见表 5–10。

表 5–10　　钢板对接焊缝超声检测考核评分表

考核号：
姓　名：

总计得分____________

<table>
<tr><th>序号</th><th colspan="3">考　核　项　目</th><th>满分</th><th>考核要求</th><th>得分</th><th>备注</th></tr>
<tr><td></td><td rowspan="8">探伤准备</td><td rowspan="4">仪器调节</td><td>距离粗调</td><td>2</td><td rowspan="13">操作正确、熟练</td><td></td><td></td></tr>
<tr><td></td><td>增益调节</td><td>2</td><td></td><td></td></tr>
<tr><td></td><td>前沿测定</td><td>2</td><td></td><td></td></tr>
<tr><td></td><td>K 值测定</td><td>2</td><td></td><td></td></tr>
<tr><td></td><td colspan="2">扫描调节</td><td>4</td><td></td><td></td></tr>
<tr><td></td><td colspan="2">距离—波幅测试记录</td><td>4</td><td></td><td></td></tr>
<tr><td></td><td rowspan="2">灵敏度调试</td><td>探伤灵敏度选择</td><td>2</td><td></td><td></td></tr>
<tr><td></td><td>表面声能补偿</td><td>2</td><td></td><td></td></tr>
<tr><td></td><td rowspan="5">探伤操作</td><td rowspan="3">粗、精探</td><td>锯齿、平行行扫查</td><td>2</td><td></td><td></td></tr>
<tr><td></td><td>探头覆盖范围</td><td>2</td><td></td><td></td></tr>
<tr><td></td><td>前后左右环绕移动</td><td>2</td><td></td><td></td></tr>
<tr><td></td><td rowspan="2">复核</td><td>灵敏度复查</td><td>2</td><td></td><td></td></tr>
<tr><td></td><td>扫描线复查</td><td>2</td><td></td><td></td></tr>
<tr><td></td><td rowspan="10">探伤结果</td><td rowspan="3">水平距离（mm）</td><td>S_1</td><td>10</td><td rowspan="3">±4mm 内不扣分；每超 1mm，每个扣 2/n 分；≥±9mm，每个扣 10/n 分</td><td></td><td></td></tr>
<tr><td></td><td>S_2</td><td>10</td><td></td><td></td></tr>
<tr><td></td><td>S_3</td><td>10</td><td></td><td></td></tr>
<tr><td></td><td>深度（mm）</td><td>H</td><td>5</td><td rowspan="2">±3mm 内不扣分；每超 1mm，每个扣 2/n 分；≥±5mm，每个扣 5/n 分</td><td></td><td></td></tr>
<tr><td></td><td>中心位置（mm）</td><td>q</td><td>5</td><td></td><td></td></tr>
<tr><td></td><td>定量</td><td>dB</td><td>10</td><td>±3dB 内不扣分；每超 1dB，每个扣 2/n 分；≥±8dB，每个扣 10/n 分</td><td></td><td></td></tr>
<tr><td></td><td colspan="2">缺陷区域</td><td>5</td><td>每错判一处扣 4/n 分</td><td></td><td></td></tr>
<tr><td></td><td colspan="2" rowspan="3">级别评定及探伤报告</td><td rowspan="3">15</td><td>缺陷数据记录齐全　5 分</td><td></td><td></td></tr>
<tr><td></td><td>缺陷位置表示明确　5 分</td><td></td><td></td></tr>
<tr><td></td><td>内容齐全，结论明确 5 分</td><td></td><td></td></tr>
</table>

① 无缺陷处判有缺陷的每处扣 15 分，漏检主要缺陷每个扣 50/n 分，次要缺陷每个扣 30/n 分。

② 考试时间为 60min，超时不能超过 15min，超时小于或等于 5min 扣 2 分；超时 5～10min 内扣 6 分，超时 10～15min 扣 10 分。

③ 表中 n 为标准答案中缺陷数

评分人____________　　日期____________

主考人____________　　日期____________

5.3 磁粉检测

5.3.1 磁粉检测Ⅰ、Ⅱ级人员实际操作考核一次性规定

1. 考试时间及试件规定

（1）Ⅱ级初试人员考核两件试件，其中板状对接焊缝试件一件，或管子对接试件、管板焊接试件一件；Ⅰ级人员和Ⅱ级复证人员仅考核板状试件。

（2）每试件现场考核操作时间20min，报告编写时间30min。

2. 操作考试程序

（1）抽签选定考试试件；

（2）现场准备完成后申请实际操作考试并计时；

（3）灵敏度试片检测并通过监考老师查看确认；

（4）试件磁粉检测并观察测量记录缺陷；

（5）试件后处理后放于指定地点；

（6）指定地点编写报告并提交。

3. 各类考试试件编号、规格及需要检测部位规定

表5–11　　部件各类考试试件编号、规格及需要检测部位规定表

序号	试件类型	编号	试件规格（mm）	检测部位
1	板状对接焊缝试板	M1–XX	δ6/14	焊缝及热影响区
2	管子对接试件	M2–XX	ϕ51×3.5，长500	直管段及焊缝及热影响区
3	管板焊接试件	M3–XX	管ϕ108×4，板300×300×10	焊缝及热影响区

4. 检测操作及记录报告填写的规定

（1）试件编号所在面为检测面，各类试件摆放及缺陷尺寸测量规定如下。

1）平板对接焊缝试件。如图5–3（a）所示，试板编号位于左上角进行检测，此时试板左边边线即为测量起始线。

2）管子对接焊缝试件。如图5–3（b）所示，试件编号位于左上角进行检测，此时试板左边边线即为测量起始线。

3）管板焊接试件。如图5–3（c）所示，以试件上洋铳眼组成的线为零位

线，逆时针方向旋转进行测量。

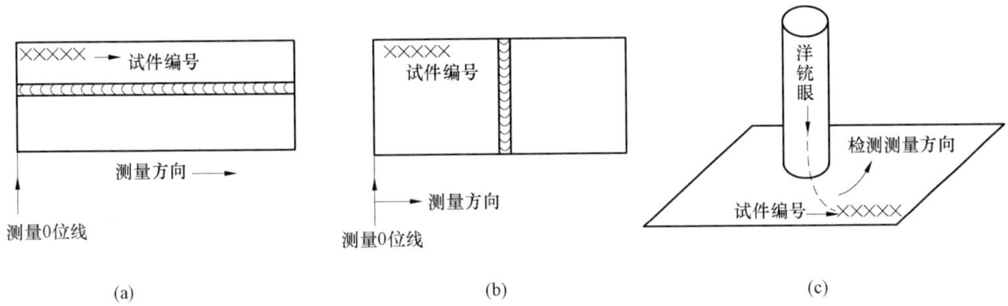

图 5–3 试件缺陷定位示意图

（a）平板试件；（b）管子对接试件；（c）管板焊接试件

（2）应测量的缺陷参数。如图 5–4 所示。

1）以组为单位进行缺陷的记录。距离近且不宜分开的数个缺陷可视为一组缺陷，两处缺陷边缘间距超过 20mm 时，应视为另一组缺陷。

2）每组缺陷均必须记录 S_1、S_2、S_3、L、n 5 个参数。

3）各参数符号定义见表 5–12。

表 5–12 各参数符号定义表

序号	参数符号	表达的数值
1	S_1	该组缺陷最左端（即：起点）至测量零位线的距离
2	S_2	该组缺陷最右端（即：终点）至测量零位线的距离
3	S_3	该组缺陷中最大/最长缺陷最左端（即：起点）至测量零位线的距离
4	L	该组缺陷中最大/最长缺陷的直径/长度，不考虑缺陷的取向
5	n	该组缺陷的个数。个数很多时，记为“密集”缺陷

特例说明：S_1=S_3 时，为一个缺陷；而一处横向缺陷，S_1=S_3，S_2=S_1+缺陷宽度。

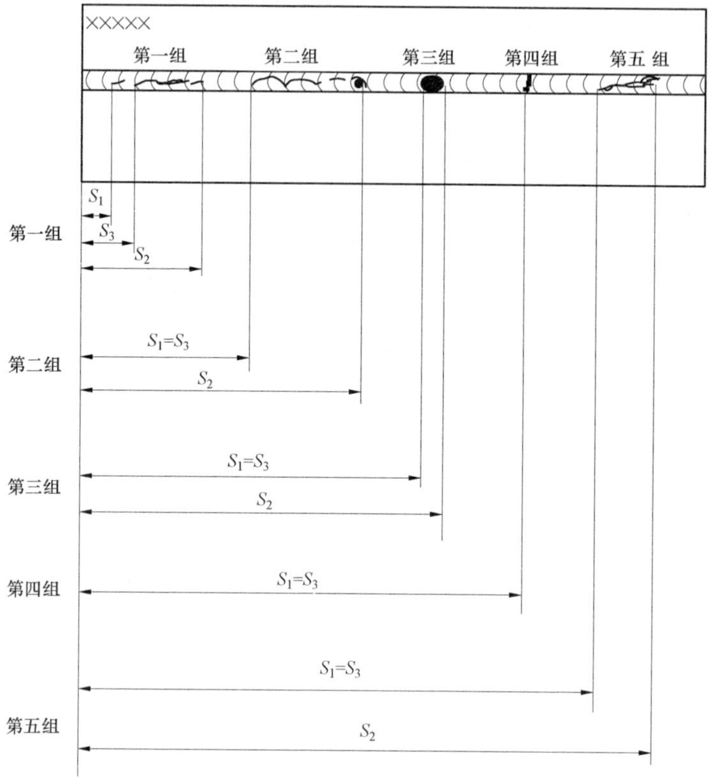

图 5–4　磁粉检测定位参数测量示意图

5.3.2　磁粉检测考核报告记录格式及评分标准

1. 磁粉检测考核报告记录

表 5–13　　**磁粉检测考核报告记录表格**　　考核号：
姓　名：

试件材质		公称厚度（mm）		试件编号	
仪器型号		磁粉种类		表面状况	
磁悬液类型及浓度				标准试片	
磁化时间（秒）		磁化方法		喷洒方式	
执行标准		观察条件			
支杆间距（支杆法）（mm）				磁化电流（支杆法）（A）	
检测方法				提升力（磁轭法）（N）	

续表

缺陷序号	S_1（mm）	S_2（mm）	S_3（mm）	L_1（mm）	n	评定级别	备注

缺陷位置示意图：

结　论			
探伤员		日　期	

进场时间 ________ 出场时间 __________ 实际用时____________

监考人____________ 日期____________

2. 磁粉检测实际操作考核评分标准

考核号：
姓　名：

表 5–14　磁粉检测实际操作考核评分标准表

序号	考核项目	考核内容及标准	考核标准	平板试件		管子或管板试件	
				满分	得分	满分	得分
1	探伤方法的选择	根据工件形状、大小等选择适合的探伤方法符合 NB/T 47013.4 规定		2		0.5	
2	选定仪器装置	了解仪器的参数、性能满足探伤要求		4		1	
3	仪器检查	接通电源，打开开关，检查保险，检查仪器提升力等，仔细检查、不漏项目		5		1.5	
4	试件表面检查清理	清除探伤表面锈蚀、油垢等清理干净		2		0.5	
5	选用磁粉 配置磁悬液	（1）磁悬液的配制方法。 （2）了解磁粉性能、粒度、液态组分等符合 NB/T 47013.4 要求		2		1	
6	磁化参数的选择	根据计算公式或经验确定符合 NB/T 47013.4 要求		5		1.5	
7	灵敏度测试	灵敏度试片（块）的选用符合 NB/T 47013.4 要求		3		1	
		用灵敏度试片（块）验证磁化规范能显示试片上的人工缺陷		7		2	

续表

序号	考核项目	考核内容及标准	考核标准	平板试件		管子或管板试件	
				满分	得分	满分	得分
8	磁化方向	根据工件加工（或焊接）工艺产生缺陷的方向，确定磁化方向。有利发现各个方向的缺陷特别是危险缺陷		1		0.5	
9	磁化覆盖区	根据磁化范围，确定覆盖区域。保证不会出现漏检区域		2		0.5	
10	磁化	1～3s 间断通电磁化；至少反复磁化两次。旋转磁场磁化时，磁轭应连续拖动行进，行走速度严格控制且符合 NB/T 47013.4 要求		2		1	
11	施加磁粉（磁悬液）	施加方法及其应注意事项符合 NB/T 47013.4 要求		2		0.5	
12	磁痕分析及疑痕复探	复查磁痕，能判定缺陷真伪		2		1	
13	清理现场	探伤用的试件、试片、设备仪器、磁悬液等归位，做好卫生。做到整齐、整洁、不遗漏		1		0.5	
14	缺陷记录：缺陷定位	S_1	±3mm 内不扣分； ±3～5mm 每组扣 1/n 分； ±5～10mm 每组扣 2/n 分； ＞±10mm 不得分。 n 为标准答案中缺陷组数	3		2	
		S_2		3		2	
		S_3		3		2	
	缺陷记录：缺陷定量	L		3		2	
		n	发现的缺陷个数不对，不得分	3		2	
15	缺陷评级及探伤报告	评级	符合 NB/T 47013.4	5		3	
		报告的填写	项目齐全，数据准确	5		2	
		缺陷位置示意图	规范、完整、图形清楚	5		2	

注

① 单件试件考核时间 30min，两件试件同时考核时间共 40min，报告编写时间 30min。

② 考核时间不允许超时 10min，超时小于或等于 5min 扣 2 分，超时 5～10min 内扣 6 分，超时 10min 扣 10 分

评分人__________ 日期__________

复核人__________ 日期__________

5.4 渗透检测

5.4.1 渗透检测Ⅰ、Ⅱ级人员实际操作考核一次性规定

1. 考试时间及试件规定

（1）Ⅱ级初试人员考核两件试件，其中板状对接焊缝试件一件，另管子对接

或T型焊接试件一件。或管子对接试件、管板焊接试件一件；Ⅰ级人员和Ⅱ级复证人员仅考核板状试件。

（2）单试件实际操作考核考试时间为30min，两试件同时考核试件为40min，报告编写时间30min。

2. 操作考试程序

（1）抽签选定考试试件；

（2）现场准备完成后申请实际操作考试并计时；

（3）灵敏度试片检测并通过监考老师查看确认；

（4）试件检测并观察测量记录缺陷；

（5）试件后处理后放于指定地点；

（6）指定地点编写报告并提交。

3. 各类考试试件编号、规格及需要检测部位规定

表5–15　　各类考试试件编号、规格及需要检测部位规定表

序号	试件类型	编号	试件规格（mm）	检测部位
1	板状对接焊缝试板	M1–XX	δ4/6	焊缝及热影响区
2	管子对接试件	M2–XX	ϕ51×3.5	
3	管板焊接试件	M3–XX	管ϕ51×3.5/板100×100×8	

4. 检测操作及记录报告填写的规定

（1）试件编号所在面为检测面，各类试件摆放及缺陷尺寸测量规定如下。

1）平板对接焊缝试件。如图5–5（a）所示，试板编号位于左上角进行检测，此时试板左边边线即为测量起始线。

2）管子对接焊缝试件。如图5–5（b）所示，试件编号位于左上角进行检测，此时试板左边边线即为测量起始线。

3）管板焊接试件。如图5–5（c）所示，以试件上洋铳眼组成的刻划线为零位线，逆时针方向旋转进行测量。

（2）应测量的缺陷参数。

1）以组为单位进行缺陷的记录。距离近且不宜分开的数个缺陷可视为一组缺陷，两处缺陷边缘间距超过20mm时，应视为另一组缺陷。

2）每组缺陷均必须记录S_1、S_2、S_3、L、n等5个参数。

3）各参数符号定义如表5–16所示。

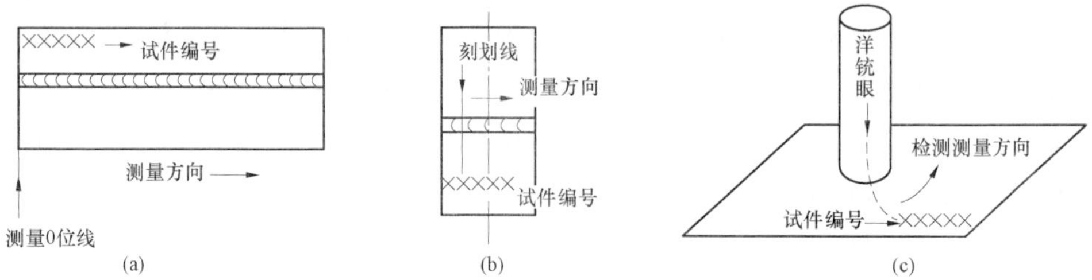

图 5–5　渗透检测试件

（a）平板试件；（b）管子对接试件；（c）管板试件

表 5–16　　各参数符号定义表

序号	参数符号	表达的数值
1	S_1	该组缺陷最左端（即：起点）至测量零位线的距离
2	S_2	该组缺陷最右端（即：终点）至测量零位线的距离
3	S_3	该组缺陷中最大/最长缺陷最左端（即：起点）至测量零位线的距离
4	L	该组缺陷中最大/最长缺陷的直径/长度，不考虑缺陷的取向
5	n	该组缺陷的个数。个数很多时，记为“密集”缺陷

特例说明：$S_1=S_3$ 时为一个缺陷时；而一处横向缺陷时，$S_1=S_3$，多处时 $S_2=S_1$+缺陷宽度。

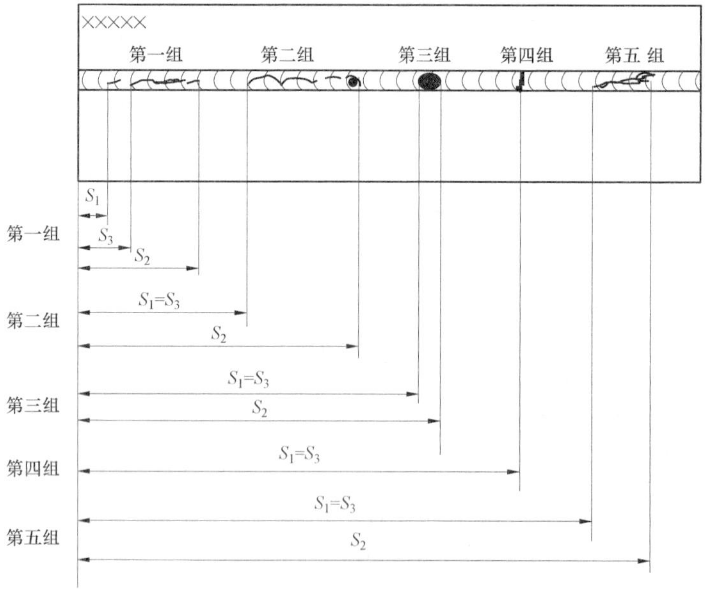

图 5–6　渗透检测缺陷参数示意图

5.4.2 渗透检测考核报告记录格式及评分标准

1. 渗透检测考核报告记录

考核号：
姓　名：

表 5–17　　渗透检测考核报告记录表

试件材质		试件编号		表面状况	
探伤方法		灵敏度试块		灵敏度等级	
渗透剂型号		清洗剂型号		观察方式	
渗透时间（分）		清洗时间（分）		显像剂型号	
环境温度（℃）		显像时间（分）		预处理方法	
渗透剂施加方法		去除方法		后处理方法	
观察条件			执行标准		

序号	S_1（mm）	S_2（mm）	S_3（mm）	L_1（mm）	n（mm）	评定级别	备　注

示意图：

结　论			
探伤员		日　期	

进场时间 ______ 出场时间 ________ 实际用时__________

监考人__________ 日期__________

2. 渗透检测实际操作考核评分记录

考核号：
姓　名：

表 5–18　　渗透检测实际操作考核评分记录表

序号	考核项目	考核内容及要求	板状试件		其他试件	
			满分	得分	满分	得分
1	探伤剂的选择	（1）满足相应检测试件探伤灵敏度的要求； （2）质量检查：a. 渗透剂是否变质；b. 显像剂是否凝聚或性能下降；c. 是否在使用有效期内	6		2	

续表

<table>
<tr><th rowspan="2">序号</th><th rowspan="2" colspan="2">考核项目</th><th rowspan="2" colspan="2">考核内容及要求</th><th colspan="2">板状试件</th><th colspan="2">其他试件</th></tr>
<tr><th>满分</th><th>得分</th><th>满分</th><th>得分</th></tr>
<tr><td>2</td><td colspan="2">渗透时间的选择</td><td colspan="2">渗透时间的选择是否正确。在 10～50℃范围内一般不应少于 10min，非标准温度下适当调整时间，以确保满足灵敏度的要求</td><td>6</td><td></td><td>2</td><td></td></tr>
<tr><td>3</td><td colspan="2">灵敏度测试</td><td colspan="2">按正确的操作程序用镀铬试块进行试验。裂纹显示清楚</td><td>6</td><td></td><td>2</td><td></td></tr>
<tr><td>4</td><td colspan="2">操作程序</td><td colspan="2">（1）准备试件、喷罐、棉纱，对比试块，热风干燥器等；
（2）根据不同种类的渗透检测剂选择正确的操作程序；
（3）对显示图像进行观察、分析；
（4）发现缺陷显示有疑问时，进行复验</td><td>5</td><td></td><td>3</td><td></td></tr>
<tr><td>5</td><td colspan="2">清洗方法</td><td colspan="2">选用清洗剂按正确方法进行清洗。被检部位无残余渗透剂，又不得过清洗</td><td>6</td><td></td><td>2</td><td></td></tr>
<tr><td>6</td><td colspan="2">显像剂喷洒</td><td colspan="2">正确使用显像剂，喷洒操作正确，热风干燥器使用等。摇晃喷罐，先在非检区试喷待均匀后，以 300～400mm 距离，30～40° 夹角均匀喷洒</td><td>6</td><td></td><td>2</td><td></td></tr>
<tr><td rowspan="5">7</td><td rowspan="5">缺陷记录</td><td rowspan="3">缺陷定位</td><td>S_1</td><td rowspan="4">±2mm 内不扣分；±2～5mm 每组扣 1/n 分，±5～10mm 每组扣 2/n 分；>±10mm 不得分。n 为标准答案缺陷组数</td><td>4</td><td></td><td>2</td><td></td></tr>
<tr><td>S_2</td><td>4</td><td></td><td>2</td><td></td></tr>
<tr><td>S_3</td><td>4</td><td></td><td>2</td><td></td></tr>
<tr><td rowspan="2">缺陷定量</td><td>L</td><td>4</td><td></td><td>2</td><td></td></tr>
<tr><td>n</td><td>发现的缺陷个数不对，不得分</td><td>4</td><td></td><td>2</td><td></td></tr>
<tr><td rowspan="3">8</td><td rowspan="3" colspan="2">缺陷评级及探伤报告</td><td colspan="2">评级，符合 NB/T 47013.5</td><td>5</td><td></td><td>3</td><td></td></tr>
<tr><td colspan="2">报告的填写。项目齐全，数据准确</td><td>5</td><td></td><td>2</td><td></td></tr>
<tr><td colspan="2">缺陷位置示意图。规范、完整，图形清楚</td><td>5</td><td></td><td>2</td><td></td></tr>
</table>

备注：① 单件考试时间为 30min，，两件试件同时考试时间为 40min。报告时间 30min。
② 不允许超过 10min，超时小于或等于 5min 扣 2 分，超时 5～10min 内扣 6 分，超时 10min 扣 10 分

评分人____________　　　　日期____________

复核人____________　　　　日期____________

6

培训考核管理制度

6.1 培训考核工作程序

6.1.1 目的

为了规范特种设备无损检测人员培训考核工作，根据《中华人民共和国行政许可法》《特种设备安全法》《特种设备无损检测人员考核规则》等法律法规的规定，制定本工作程序。

6.1.2 范围

本制度适应于省级特种设备无损检测考委会（简称省考委会），根据《特种设备无损检测人员考核规则》组织的对无损检测人员的培训考试工作。

6.1.3 职责

（1）考委会主任审批年度培训考试计划，检查年度培训考试工作完成情况，决策培训考试中重大问题。

（2）秘书长是培训考试的第一责任人，负责编制培训考试计划和具体实施。

（3）秘书处负责培训考试日常工作，协调处理各方面问题。

（4）各专业组长是本专业培训考试的第一责任人，在秘书长领导下开展工作。

（5）考委会成员按计划要求完成培训考试过程中的各项具体工作。

6.1.4 工作程序

1. 编制计划

（1）考委会应编制本年度的取证和换证考核计划，并于每年的 1 月在网上公布。同时报送发证机关备案。

（2）每种考试方法（RT、UT、MT、PT）、每一级别（Ⅰ级、Ⅱ级）的考核（取证和换证），一般每年至少各举办一次，必要时应增加考核次数。

2. 报名

（1）参加考核的取证和换证无损检测人员应当在网上报名，报名成功后在网上下载申请表，认真填写，附上最高学历证明、所持无损检测资质证件、视力证明、身份证、单位用工合同等复印件，一并邮寄发证机关审查，合格后方可参加考核。对条件不符合规定、未通过审查者，应及时以书面形式通知申请人。

（2）参加换证考试的人员应当在证件有效期届满前 3 个月向发证机关提出换证考试申请，经发证机关审查合格后方可参加考试。

3. 组织培训

（1）省考委会根据考试项目的要求，安排理论和实际操作培训课时及授课老师。授课老师可由考委会成员担任，也可从社会上聘请学识渊博、实际经验丰富的专家承担。

（2）授课老师应根据《特种设备无损检测人员考试大纲》要求，精心备课，认真宣讲，切实保证授课效果。

（3）考前培训本着自愿参加的原则，不得强制学员参加。

4. 组织考核

考委会汇总资格审查合格人员的名单。根据人数情况，确定考核时间、设定考场、发出考核通知。

5. 成立考核小组

（1）每期无损检测人员资格考核均应成立相应的考核小组，考核小组人数不应少于 5 人，其中持该考核项目Ⅲ级证的人员不少于 3 人。

（2）考核负责人由省考委会确定。考核负责人必须是持该考核项目Ⅲ级证的考委会专业组组长或副组长。

（3）考核小组成员必须是该考核项目Ⅲ级持证人员，且应客观公正，廉洁奉公，在考核期间应认真执行回避、隔离和保密的有关规定。

6. 考核现场工作规定

（1）由考核负责人在考试前指定本次考试主考人员和笔试监考人员。

（2）主考人员负责考场纪律的监督，考核规定的执行，以及考核结果的评定等工作。

（3）监考人员只负责考场纪律的监督。监考人员应服从主考人员的工作安排，以及对考核现场的有关问题的处理。

7. 理论考试命题、考核与阅卷评分

（1）理论试卷从国家质检总局特种设备局或全国考委会统一规定的试卷（库）中选取。

（2）试卷的印制和保管由考委会专人负责完成，严防泄密。

（3）理论考试结束，由该考核小组成员采用流水作业的方式进行阅卷。阅卷人员按试题类型分工负责，并在该题型的打分栏计分，在阅卷人栏内签名。

（4）考核负责人负责考核成绩汇总工作。考生成绩汇总登记入册后，登记人及复核人应在成绩册上签名。

8. 实际操作考试管理

（1）实际操作考试主考人员应由本专业方法Ⅲ级人员担任，且每个考场的监考人员至少两名。考生应按规定的操作程序和规定的时间完成实际操作考试。

（2）实际操作考试试件应专门制备，并应统一编号，以方便考试。实际操作考试试件，不能用作培训使用。考生实际操作考试时由考生抽签决定试件，不得自行挑选试件。

（3）实际操作考试成绩的评分应由两名主考人员担任。考生实际操作考试成绩汇总登记入册后，主考人、登记人员和复核人应在成绩册上签名。

9. 成绩汇总、小结与上报

（1）每期考核工作结束后应及时写出考核工作小结。

（2）每期考核工作的成绩汇总、小结由考委会秘书处上报发证部门。

（3）每期考核成绩应在最终考试日后 20 个工作日内以告知考生或在网上公布。

6.2　特种设备无损检测人员培训考核程序图

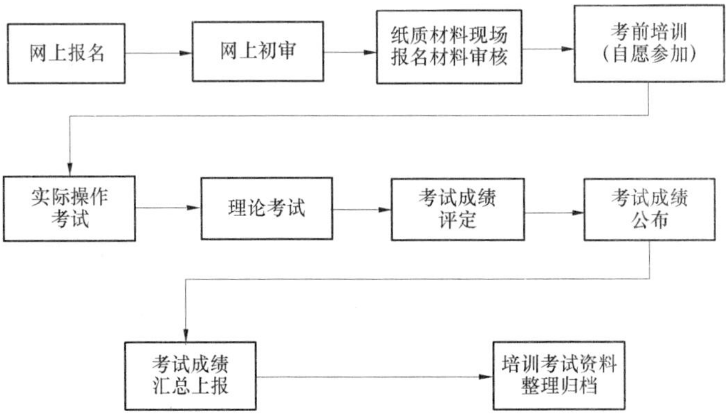

6.3 培训考核班管理制度

6.3.1 作息听课等管理制度

（1）学员提前做好培训前的准备工作，培训考试期间，统一作息时间，不得随意外出，一切行动听从培训安排。

（2）培训考试期间，学员应精神饱满、仪态端庄、举止文雅，为培训创造良好的人文环境。

（3）遵守培训考试作息时间，不得迟到、早退或旷课，遵守培训教学楼的一切管理制度。

（4）保持教室及周围环境的安静，严禁大声喧哗，上课时不得随意交谈、随意进出教室，保持正常的教学秩序。

（5）上课期间将手机等通信工具关闭或调入震动状态，严禁在课堂内接打电话。

（6）学员不得在课堂上私下讨论问题，如对课程安排或授课内容有问题、意见或建议，可在下课后与老师沟通，不得随意打断老师授课。

（7）学员上课要认真听讲，讨论时踊跃发言，积极参加各项课程训练，完成老师安排的培训作业。

（8）爱护教室内的课桌椅、黑板等教学设施。

（9）未经允许请勿随意动用教室内的音响、投影、电脑等各类教学设备。

（10）养成良好的公共卫生习惯，自觉维护教室和公共环境的清洁整齐。

（11）上课时着装符合有关要求，严禁穿拖鞋、背心进入课堂。

（12）实际操作培训与考试时，着装符合劳动保护的要求，注重安全，防止发生设备和人员事故。

6.3.2 闭卷考试管理制度

（1）监考人员应在开考前宣布考场纪律及注意事项。

（2）参考人员应严格按考核号入座，每个座位前后和左右间隔距离大于等于1m。座位应与考核号相对应（身份证端放在本人桌位的左上角）。未按规定就座者，不能发给试卷参加考试。

（3）参考人员不得携带任何与考核有关的资料进入考场（已经带入的将其放

在考场前面的非考核区域)。在考核正式开始后，如若在考场发现有相关资料，一律按作弊处理。

(4) 考试期间不准吸烟，吃槟榔、口香糖等。

(5) 开考后 15min，迟到考生不能进入考场。开考后半小时之内考生不可离开考场(特殊情况经监考人员同意除外)，参考人员离开考场未经监考人员同意均不得再次进入考场。

(6) 考试期间，应将所有通信工具关闭，开机接听或观看手机即视为作弊。

(7) 参考人员在确认无误需提前交卷时，须将试卷翻放在本人桌面上，然后安静、迅速地离开考场。

(8) 考试终结时间一到，所有未交卷的参考人员必须立即停止答案，并将试卷翻放在本人桌子上，待监考人员收取试卷后，迅速离开考场，不得在考场逗留、谈论。

(9) 参考人员应严格遵守考场各项纪律。如不得交头接耳，不得转递纸条等。如有违纪行为，一经发现，提出警告。如若再犯，监考人员当场做好记录，考试成绩作废。

(10) 考试期间若发现试卷中有印刷等错误，在经本考场负责人确认无误后及时通知参考人员，并与其他考场取得联系。

(11) 考试期间，监考人员同考生一样关闭手机或调到震动，不得在考场内接听电话。

(12) 考试结束时，要求学员坐在座位上，由监考人员按照分工将试卷逐一收回，之后再请学员安静、有序地离开考场。

6.3.3 开卷考试管理制度

(1) 监考人员应在开考前宣布考场纪律及注意事项。

(2) 参考人员应严格按考核号入座，每个座位前后和左右间隔距离大于等于 1m。座位应与考核号相对应(身份证端放在本人桌位的左上角)。未按规定就座者，不能发给试卷参加考试。

(3) 参考人员可以携带与考核有关的资料进入考场(电脑除外)。

(4) 考试期间不准吸烟，吃槟榔、口香糖等。

(5) 开考后 15min，迟到考生不能进入考场。开考后半小时考生不可离开考场(特殊情况经监考人员同意除外)，参考人员离开考场未经监考人员同意均不得再次进入考场。

（6）考试期间，应将所有通信工具关闭，开机接听或观看即视为作弊。

（7）参考人员在确认无误需提前交卷时，须将试卷翻放在本人桌面上，然后安静、迅速地离开考场。

（8）考试终结时间一到，所有未交卷的参考人员必须立即停止答案，并将试卷翻放在本人桌子上，待监考人员收取试卷后，迅速离开考场，不得在考场逗留、谈论。

（9）参考人员应严格遵守考场各项纪律。如不得交头接耳，不得转递纸条等。如有违纪行为，一经发现，提出警告。如若再犯，监考人员当场做好记录，考试成绩作废。

（10）考试期间若发现试卷中有印刷等错误，在经本考场负责人确认无误后及时通知参考人员，并与其他考场取得联系。

（11）考试期间，监考人员同考生一样关闭手机或调到震动，不得在考场内接听电话。

（12）考试结束时，要求学员坐在座位上，由监考人员按照分工将试卷逐一收回，之后再请学员安静、有序地离开考场。

6.3.4 命题与阅卷及印刷保密管理制度

1. 命题

（1）出题人员严格按照考试大纲出题，不出偏题和怪题，不玩文字游戏。

（2）出题人员严格遵守保密规定，不得以口头、书面、信息、电子邮件等方法方式泄露考题，一经发现，立即取消当事人出题资格，视情节按有关规定给予纪律处分。

2. 阅卷

（1）阅卷人员严格按照考试标准答案阅卷记分，不得违反标准答案加分或者减分。阅卷人如对标准答案有质疑时，应立即向考核负责人报告，研究解决。

（2）阅卷人员只负责阅卷，不允许打开密封线查看考生考号和姓名。如果发现考卷密封线打开，将追究阅卷人员的责任。

（3）对低于 70 分的试卷，由考核负责人核准后再开启密封线。

（4）登分由两名工作人员进行。打开密封线登分后，任何人无权更改分数。

（5）阅卷人员应在考卷首页上签名。

3. 印刷

（1）试卷印刷采用 A4 纸，只作单面印刷，反面可作草稿，不再发给考生草稿纸。

（2）试卷印刷由专人负责。印制过程中，责任人不能离开现场。

（3）印刷完毕后每 40 份装进一个档案袋，密封并签名交给秘书长或副秘书长妥善保管。

6.3.5 培训考试档案管理规定

（1）省考委会应设立专用培训考试档案室或档案柜。其房间内温度湿度等符合档案保管的有关要求。

（2）培训考试档案主要为：《考试申请表》等报名资料、培训记录、考试试卷、成绩汇总表、考场记录等。

（3）培训考试档案保存时间不少于 5 年。

（4）考生查询考试成绩，须本人申请，其所在单位同意，并经秘书长批准后方可进行。查询时至少 3 人到场，其中 2 人为考委会成员，1 人为单位负责人。